智能优化算法 MATLAB 仿真实例

王　霞　编著

哈尔滨工业大学出版社

内容简介

本书由云南民族大学王霞副教授编著,主要介绍了11种智能优化算法的基本思想、方法原理、算法步骤、MATLAB实现和应用案例,使读者在掌握算法的同时能较快地提高运用算法求解实际问题的能力。

全书共有10章,分为四个单元。第一单元围绕单目标优化问题,介绍了竞争群优化算法及其改进算法;第二单元介绍了水母算法、多目标水母搜索算法、改进多目标水母算法及其在无人机路径规划中的应用,讨论了水母算法在单目标优化问题和多目标优化问题中的运用,并以无人机路径规划中的多目标优化问题为例,介绍了该算法在具体问题中的实际应用;第三单元介绍了森林优化算法、特征选择的森林优化算法,以及改进森林优化特征选择算法,展示了智能优化算法在特征选择问题中的应用;第四单元针对具有稀疏特性的多目标优化问题展开研究,介绍了精英策略的非支配排序遗传算法、稀疏进化算法和改进稀疏进化算法。各单元中的改进算法均是作者多年从事智能优化算法研究提出的原创算法,可使读者在理解算法的基础上能更好地运用算法,能够根据实际问题的需求设计出提高算法性能的改进方法。

本书侧重于智能优化算法的MATLAB程序实现,各章节均以实际代码和案例分析为支撑,使读者能够采用MATLAB编程解决优化问题,从而提高分析和解决问题的能力。

本书可供人工智能、计算机科学与技术、电子信息、控制科学与工程等相关专业的本科生和研究生使用,也适合从事智能优化算法研究与应用的科研人员或技术人员参考。

图书在版编目(CIP)数据

智能优化算法 MATLAB 仿真实例/王霞编著. —哈尔滨:哈尔滨工业大学出版社,2024.6—ISBN 978-7-5767-1519-4

Ⅰ.O242.23;TP317

中国国家版本馆 CIP 数据核字第 20246HV737 号

策划编辑　常　雨
责任编辑　周一瞳
出版发行　哈尔滨工业大学出版社
社　　址　哈尔滨市南岗区复华四道街 10 号　邮编 150006
传　　真　0451-86414749
网　　址　http://hitpress.hit.edu.cn
印　　刷　黑龙江艺德印刷有限责任公司
开　　本　787 mm×960 mm　1/16　印张 13.25　字数 305 千字
版　　次　2024 年 6 月第 1 版　2024 年 6 月第 1 次印刷
书　　号　ISBN 978-7-5767-1519-4
定　　价　90.00 元

前　　言

在现实生产生活中，优化问题无所不在。许多优化算法的应用和研究已经深入生产和科研的各个领域，如土木工程、机械工程、化学工程、运输调度、生产控制、经济规划、经济管理、医学和生物学等，并取得了显著的经济效益和社会效益。传统的优化算法需要给出优化问题的精确数学模型，以便进行确定性求解。然而，随着信息和通信技术的突飞猛进，物理信息系统、互联网、物联网和社交网络等技术迅猛发展，各行各业所面临的数据在规模上呈爆炸式增长，优化问题因其高维、海量、数据多样性、非线性或多模态而变得越来越复杂，难以建立精确的数学模型，即使建立精确的数学模型也难以进行确定性的求解。这使得基于精确模型的传统优化算法面临着极大的挑战。在此背景下，智能优化算法应运而生，并不断演化发展。

智能优化算法主要是指受自然启发（包括受到生物群体、自然进化、物理规则和人类行为的启发）的优化算法，如受生物群体间智能行为启发的粒子群算法、蚁群算法等群体智能方法，受宇宙物理定律启发的模拟退火算法、重力搜索算法、正弦余弦算法、人工电场算法等智能方法，受自然界生物遗传和种群进化的规律和过程启发的进化算法，以及受人类智能行为启发的和声搜索算法、教学学习优化算法、政治优化算法等智能方法。近几十年来，各类智能优化算法层出不穷，形态多样，理念各异，在解决各种优化问题方面越来越受欢迎，在诸如生物医学、健康科学、工程设计优化、分类、图像处理、资源分配、调度和规划、生产和制造系统、物流和运输、智能电网、城市和家庭能源意识系统，以及大规模煤炭供应链等实际工程应用领域得到了广泛应用，对智能优化算法的研究已成为智能优化领域和工程领域的前沿性课题。

本书是作者在多年从事优化算法方面的科学研究和教学实践的基础上编著而成的，着重介绍算法程序和实例，具有较强的指导性和实用性。全书分为四个单元，分别选取了近十年来涌现的、具有代表性的四个智能优化算法——竞争群算法、水母算法、森林优化算法和稀疏进化算法，对每个算法及其相关的衍生算法进行介绍，在此基础上提出改进策略对已有算法进行完善，并列举了优化算法在无人机路径规划和特征选择问题中的应用实例。

本书在撰写过程中,以循序渐进为原则,兼顾理论和应用,在每一章的算法介绍中,先对每种算法的基本思想和方法原理加以阐述,再详细介绍如何将算法的思想付诸于程序实现,给出了使用这些算法求解实际问题的 MATLAB 程序代码,并对代码进行了详尽的注释,让读者能够全面、深入、透彻地理解智能优化算法的设计思路及代码编写思路。

希望读者通过对本书的阅读和学习,不仅能掌握智能优化算法的思想和原理,更重要的是在面对实际问题时,能够对算法的不足之处加以改进,并进行规范的程序编程,以提高使用智能优化算法求解实际问题的实战能力。

本书的出版得到了吴海锋教授、范菁教授、唐嘉宁教授、高明虎副教授、邢传玺教授,以及张珊、冯亚宁、赵微等同仁和研究生的帮助,他们在本书的选题、内容及编程等方面给予了极大的帮助,提出了许多宝贵的建议和意见,在此谨致以衷心感谢!本书的出版也得到了哈尔滨工业出版社的大力支持,在此也表示衷心感谢!另外,书中参考了许多学者的研究成果,在此一并表示感谢!

本书内容涉及专业知识面甚广,受作者知识面所限,书中内容难免存在不足,恳请广大读者和同行给予指正! 作者邮箱:wangxiacsu@163.com。

作　者
2024 年 5 月

目　　录

第一单元　竞争群优化算法及其改进

第1章　竞争群算法

1.1　基本思想

受到粒子群优化算法的启发，Cheng和Jin于2014年提出了一种适用于大规模优化的竞争群优化(competitive swarm optimization，CSO)算法。为解决粒子群算法中存在的早熟收敛问题，CSO算法摒弃了每个粒子的个体最佳位置(pbest)和全局最佳位置(gbest)，它们都不再参与粒子的更新，而是引入了两两竞争机制，使得粒子能够在全局搜索与局部搜索之间进行竞争，提高了算法的全局搜索能力。CSO算法由随机竞争机制驱动，在竞争中失败的粒子将通过向获胜者粒子学习来更新其位置。这样，任何粒子都可能成为潜在的领导者，大大提高了种群的多样性。文献[1]对CSO算法的收敛性进行了理论证明，并对其勘探和开发能力进行了实证分析，表明CSO算法在勘探与开发之间取得了良好的平衡，并且能解决变量维度高达5 000维的单目标优化问题。

1.2　CSO算法的方法原理

CSO算法是一种基于粒子竞争机制的智能优化算法。其核心思想是通过粒子竞争来提高粒子群的多样性，从而提高算法的全局搜索能力。与传统的粒子群优化(particle swarm optimization，PSO)算法不同，CSO并不依据个体最优和全局最优的信息进行更新，而是随机选择成对粒子竞争，在算法的每轮迭代中只更新失败者以解决无约束优化问题。

对于最小化的优化问题，有

$$\min f(\boldsymbol{X}), \quad \text{s. t. } \boldsymbol{X} \in \mathbf{R}^D \tag{1.1}$$

式中，$\boldsymbol{X} \in \mathbf{R}^D$是可行解解集，$D$是搜索空间的维度，即决策变量的数量。假设种群

粒子数为 m 个，则第 t 代第 i 个粒子的位置表示为 $\boldsymbol{X}_i(t) = [x_{i,1}(t), x_{i,2}(t), \cdots, x_{i,D}(t)]$，速度表示为 $\boldsymbol{V}_i(t) = [v_{i,1}(t), v_{i,2}(t), \cdots, v_{i,D}(t)]$。每一轮竞争中，粒子种群被随机分为 $m/2$ 对，每对粒子通过成对竞争分出赢家和输家。第 t 轮第 k 对粒子竞争中的胜利者位置表示为 $\boldsymbol{X}_{w,k}(t)$，其速度为 $\boldsymbol{V}_{w,k}(t)$。同理，第 t 轮第 k 对粒子竞争中的失败者的位置和速度分别表示为 $\boldsymbol{X}_{l,k}(t)$ 和 $\boldsymbol{V}_{l,k}(t)$。则失败者的更新公式为

$$\boldsymbol{V}_{l,k}(t+1) = \boldsymbol{R}_1(k,t)\boldsymbol{V}_{l,k}(t) + \boldsymbol{R}_2(k,t)(\boldsymbol{X}_{w,k}(t) - \boldsymbol{X}_{l,k}(t)) +$$

$$\varphi \boldsymbol{R}_3(k,t)(\bar{\boldsymbol{X}}(t) - \boldsymbol{X}_{l,k}(t)) \tag{1.2}$$

$$\boldsymbol{X}_{l,k}(t+1) = \boldsymbol{X}_{l,k}(t) + \boldsymbol{V}_{l,k}(t+1) \tag{1.3}$$

式中，$\boldsymbol{R}_1(k,t)$、$\boldsymbol{R}_2(k,t)$、$\boldsymbol{R}_3(k,t)$ 是在第 t 轮第 k 对粒子竞争后随机生成的分布在 $[0,1]$ 内的 D 维向量；$\bar{\boldsymbol{X}}(t)$ 是第 t 轮粒子的平均位置；φ 是惯性权重，用于控制 $\bar{\boldsymbol{X}}(t)$ 的影响。在式(1.2)中，第一部分 $\boldsymbol{R}_1(k,t)\boldsymbol{V}_{l,k}(t)$ 为惯性项，用于保证搜索的稳定性；第二部分 $\boldsymbol{R}_2(k,t)(\boldsymbol{X}_{w,k}(t) - \boldsymbol{X}_{l,k}(t))$ 为认知部分，通过对赢家与自身差距的学习，进一步认识正确的搜索方向；第三部分 $\varphi \boldsymbol{R}_3(k,t)(\bar{\boldsymbol{X}}(t) - \boldsymbol{X}_{l,k}(t))$ 为社会部分，引入粒子平均位置的邻域控制以增加种群多样性。输家完成学习更新后进入下一轮的竞争。

1.3　CSO 算法步骤

CSO 算法求解多维极值问题 $\min f(\boldsymbol{X})$, s.t. $\boldsymbol{X} \in \mathbf{R}^D$ 的算法步骤如下：

① 初始化迭代次数 $t=0$，随机初始化种群 $P(0)$；

② 判断迭代终止条件是否满足，若满足，则转步骤 ⑨，否则转步骤 ③；

③ 计算种群 $P(t)$ 中每个粒子的适应度，令 $U = P(t)$，$P(t+1) = \varnothing$；

④ 若 $U \neq \varnothing$，则转步骤 ⑤，否则转步骤 ⑧；

⑤ 从 U 中随机选择两个粒子 $\boldsymbol{X}_1(t)$ 和 $\boldsymbol{X}_2(t)$，若 $f(\boldsymbol{X}_1(t)) \leqslant f(\boldsymbol{X}_2(t))$，则 $\boldsymbol{X}_w(t) = \boldsymbol{X}_1(t)$，$\boldsymbol{X}_l(t) = \boldsymbol{X}_2(t)$，否则 $\boldsymbol{X}_w(t) = \boldsymbol{X}_2(t)$，$\boldsymbol{X}_l(t) = \boldsymbol{X}_1(t)$；

⑥ 将 $\boldsymbol{X}_w(t)$ 添加到 $P(t+1)$ 中，利用式(1.2)和式(1.3)更新 $\boldsymbol{X}_l(t)$，并将更新后的 $\boldsymbol{X}_l(t+1)$ 添加到 $P(t+1)$ 中；

⑦ 从 U 中删除 $\boldsymbol{X}_1(t)$ 和 $\boldsymbol{X}_2(t)$，转步骤 ④；

⑧ 迭代次数 $t = t+1$，转步骤 ②；

⑨ 输出种群 $P(t)$ 中的全局最优个体。

1.4 CSO 的 MATLAB 实现

1.4.1 CSO 函数

下面给出 CSO 函数的具体程序。首先,根据决策变量的上下限随机生成初始种群。然后,令所有粒子随机成对进行两两竞争。最后,根据竞争结果更新失败者。

function [bestever, bestSwarm] = cso(fitness_function,m, XRRmin , XRRmax, maxfe, phi)

% 输入参数 6 个,依次为适应度函数 fitness_function,种群粒子个数 m,各维变量下限 bound_min,各维变量上限 bound_max,适应度评估次数的上限 maxfe,惯性权重 phi。函数返回两个输出参数 bestever 和 bestSwarm

%fitness_function 为适应度函数的句柄;m 为标量;bound_min 和 bound_max 均为 $1 \times d$ 维向量,d 为决策变量的维度;maxfe 为标量;phi 为标量

XRRmin = repmat(bound_min, m, 1);

XRRmax = repmat(bound_max, m, 1);

% 以测试函数的决策变量上限 bound_max 和下限 bound_min 为单位,分别复制扩展为 $m \times 1$ 的矩阵,由于 bound_max 和 bound_min 本身有 d 列,因此 XRRmin 和 XRRmax 均为 m 行 d 列的矩阵,其中 XRRmin 表示 m 个粒子的 d 维变量的下限值,XRRmax 表示 m 个粒子的 d 维变量的上限值

p = XRRmin + (XRRmax - XRRmin) . * rand(m, d); % 随机生成初始种群 p,p 为 $m \times d$ 的随机数矩阵,每个随机数的取值在每个测试函数的决策变量范围之内

[~, d] = size(XRRmin); % 获取变量维度 d

p = XRRmin + (XRRmax - XRRmin) . * rand(m, d);

% 使用随机数生成函数 rand() 生成 m 行 d 列的随机矩阵作为 m 个粒子的初始位置,构成初始种群 p,p 为 $m \times d$ 的随机数矩阵,p 的每一行代表一个粒子,每个粒子都有 d 维变量,每个变量的取值在每个测试函数的决策变量范围之内

v = zeros(m,d); % 生成 m 行 d 列的零矩阵 v,用于粒子群的初始化速度矩阵

bestever = 1e200; % bestever 用于存放算法找到的全局最优值,设置初始的全局最优值为一个较大的值,用于后续更新其值

fitness = fitness_function(p); % 调用函数 fitness_function(),计算种群 p 中每个粒子的适应度值

FES = m; %FES 用于记录已经消耗的适应度评估次数,由于已经对种群 p 中的 m 个粒子计算了适应度值,即消耗了 m 次适应度评估次数,因此 FES 的值此时为 m

gen = 0; % 将算法循环迭代次数的初始值 gen 设为 0

bestSwarm = p(1,:); % bestSwarm 用于记录种群中的全局最优解,初始时用 p 中第一个粒子的位置作为全局最优解

ceil_half_m = ceil(m/2); % 计算 m/2 的向上取整值,即种群粒子数的一半,以便后续进行两两竞争

while(FES < maxfe) % 当已消耗的适应度评估次数 FES 小于适应度评估次数最大值时执行循环体

    % %%%%%%%% 接下来将随机生成两两竞争的粒子对
    rlist = randperm(m); % 生成 1 ~ m 的自然数的随机排列,赋值给 rlist
    rpairs = [rlist(1:ceil_half_m); rlist(floor(m/2) + 1:m)]'; % 将 rlist 的第一个至第 m/2 个元素作为 rpairs 的第一行元素,rlist 的第 m/2+1 个至第 m 个元素作为 rpairs 的第二行元素,再将 rpairs 进行转置,则 rpairs 的第一列和第二列均有 m/2 个元素,它们将作为成对竞争粒子的序号。需要注意的是,如果 m 是奇数,则中间的元素将被重复包含在两列中,在第一列中位于最后一个,而在第一列中位于第一个

    center = ones(ceil_half_m, 1) * mean(p); % 生成 ceil_half_m 行 1 列的全 1 矩阵,mean(p) 是整个种群的平均位置,center 为 m 行 1 列的矩阵,其中的每个元素都是种群的平均位置

    %%%%%%%%% 接下来将进行粒子对的两两竞争
    mask = (fitness(rpairs(:,1)) > fitness(rpairs(:,2))); %rpairs 的第一列和第二列元素分别作为粒子索引序号,在 fitness 矩阵中索引到 m/2 对粒子的适应度值,m/2 对粒子同时进行适应度值的比较,mask 是 m/2×1 的列向量,里面的元素为 0 或 1,表示 m/2 对粒子的竞争结果。值为 1 表示位于第一列某一行的粒子胜于位于第二列该行的粒子,否则值为 0
    winners = mask.*rpairs(:,1) + ~mask.*rpairs(:,2); % 将获胜粒子的序号(在种群 p 中的序号)存放在 winners 中。实现方法为 rpairs 第一列的粒子序号点乘 mask 中的元素,再加

上 rpairs 第二列的粒子序号点乘 mask 中的元素取反值,若 mask 中某一行元素的值为 1,则 winners 中该行的值为 rpairs 第一列的粒子序号,即存储获胜粒子

　　losers = ~ mask. * rpairs(:,1) + mask. * rpairs(:,2);% 将失败粒子的序号存放在 losers 中

　　%%% 以下生成三个 ceil_half_m×d 的矩阵,其中的元素为 0～1 范围内的随机数,用于更新公式

　　randco1 = rand(ceil_half_m, d);

　　randco2 = rand(ceil_half_m, d);

　　randco3 = rand(ceil_half_m, d);

　　%%% 接下来失败粒子向获胜粒子学习更新

　　v(losers,:) = randco1. * v(losers,:) + randco2. * (p(winners,:) − p(losers,:))...,+

　　　phi * randco3. * (center − p(losers,:));% 更新失败粒子的速度,p(winners,:) − p(losers,:) 表示胜利者与失败者之间位置的差值,而 center − p(losers,:) 则表示失败者与种群平均位置之间的距离

　　p(losers,:) = p(losers,:) + v(losers,:);% 更新失败粒子的位置

% 以下为边界约束,由于每个失败粒子的位置被更新了,因此需要检查它们是否位于边界约束之内

　　for i = 1:ceil_half_m

　　　　p(losers(i),:) = max(p(losers(i),:), XRRmin(losers(i),:));

　　　　p(losers(i),:) = min(p(losers(i),:), XRRmax(losers(i),:));

　　end

% 对于每一个更新后的失败粒子, 将其位置 p(losers(i),:) 与其上下限 XRRmin(losers(i),:) 及 XRRmax(losers(i),:) 进行逐个比较。若更新后的位置 p(losers(i),:) 大于上限值,则取上限值作为粒子位置;若更新后的位置 p(losers(i),:) 小于下限值,则取下限值作为粒子位置

　　fitness(losers,:) = fitness_function(p(losers,:));% 计算失败粒子的适应度值

　　[min_fitness, min_fitness_ind] = min(fitness);% 此时的 fitness 中,失败粒子的适应度值已经被更新,调用 min() 函数找出 fitness 中的最小值,返回此最小值存储到 min_fitness 中,该

最小值的索引号存储到 min_fitness_ind 中

   if bestever > min_fitness

   bestever = min_fitness;

   bestSwarm = p(min_fitness_ind,:);

% 若 min_fitness 小于 bestever 中的值,则将全局最优值 bestever 中的值替换为 min_fitness,全局最优解 bestSwarm 中的值替换为种群 p 中的第 min_fitness_ind 个粒子位置

   end

   FES = FES + ceil_half_m;% 当前已消耗的适应度评估次数 FES 为原 FES 的值加上本轮迭代中失败粒子的个数,只有失败粒子进行了粒子更新和适应度评估,获胜粒子没有更新也就没有重新进行适应度评估

   gen = gen + 1;% 完成一次迭代计算则增加一次循环迭代次数

  end

end

1.4.2 CSO 函数的调用

  调用 CSO 函数对 CEC2008 测试函数集的七个测试函数进行最小化寻优,代码如下:

```
clear
clc

d = 500;    % 给维度 d 赋值,此处以 500 维变量空间为例
maxitor = 50000;    % 给最大适应度评估次数 maxitor 赋值,此处以 50000 维变量空间为例

runnum = 2;    % runnum 为实验独立运行的总次数,此处以两次为例

results = zeros(6,runnum);    % results 是一个 6 行 1 列的向量,用于存放六个测试函数的优化结果,初始化时值均为 0
global initial_flag    % 定义全局变量 initial_flag,该变量用于在函数 benchmark_func() 中计算测试函数的适应度值,具体见 benchmark_func() 函数代码

for funcid = 1:6    % 测试函数的序号从 1 到 6,对六个测试函数逐个实施寻优测试

    initial_flag = 0;    % 对于每一个测试函数的优化实验,全局变量 initial_flag 进行一次赋值为
```

0 的操作,具体使用见 benchmark_func() 函数代码

```
switch funcid
    case 1
        lu = [−100 * ones(1,d); 100 * ones(1, d)]; % 第一个测试函数的决策变量
```
范围为[−100,100]^d,生成的变量 lu 为 2 行 d 列的矩阵,第一行所有元素的值均为−100,第二行所有元素的值均为 100,表示 d 维决策变量的每一维的上限都是 100,下限都是−100

```
    case 2
        lu = [−100 * ones(1,d); 100 * ones(1, d)]; % 第二个测试函数的决策变量
```
范围为[−100,100]^d

```
    case 3
        lu = [−100 * ones(1,d); 100 * ones(1, d)]; % 第三个测试函数的决策变量
```
范围为[−100,100]^d

```
    case 4
        lu = [−5 * ones(1,d); 5 * ones(1, d)]; % 第四个测试函数的决策变量范围
```
为[−5,5]^d

```
    case 5
        lu = [−600 * ones(1,d); 600 * ones(1, d)]; % 第五个测试函数的决策变量范
```
围为[−600,600]^d

```
    case 6
        lu = [−32 * ones(1,d); 32 * ones(1, d)]; % 第六个测试函数的决策变量范
```
围为[−32,32]^d

```
    case 7
        lu = [−1 * ones(1, n); 1 * ones(1, n)]; % 第七个测试函数的决策变量范围
```
为[−1,1]^d

```
    end
```

```
%% 设置惯性权重参数值
    if(funcid == 1 ‖ funcid == 4 ‖ funcid == 5 ‖ funcid == 6 )% 测试函数 f₁、f₄、f₅ 和 f₆
```
f_1、f_4、f_5 和 f_6 的参数设置如下

```
        if(d >= 2000)
            phi = 0.2;   % 如果决策变量维度大于等于 2000,惯性权重 phi 为 0.2
        elseif(d >= 1000)
            phi = 0.15;   % 如果决策变量维度大于等于 1000 且小于 2000,惯性权重 phi 为
```
0.15

```
        elseif(d >= 500)
```

```matlab
        phi = 0.1;    % 如果决策变量维度大于等于500且小于1000,惯性权重 phi 为 0.1
    else
        phi = 0;    % 否则惯性权重 phi 为 0
    end
else                 %f₂ 和 f₃ 函数适用于以下参数设置
    if(d >= 2000)
        phi = 0.2;% 如果决策变量维度大于等于2000,惯性权重 phi 为 0.2
    elseif(d >= 1000)
        phi = 0.1;% 如果决策变量维度大于等于1000且小于2000,惯性权重 phi 为 0.1
    elseif(d >= 500)
        phi = 0.05;% 如果决策变量维度大于等于500且小于1000,惯性权重 phi 为 0.05
    else
        phi = 0;    % 否则惯性权重 phi 为 0
    end
end
%% 设置种群规模
if(d >= 5000)
    m = 1500;    % 如果决策变量维度大于等于5000,种群粒子总数为1500
elseif(d >= 2000)
    m = 1000;    % 如果决策变量维度大于等于2000且小于5000,种群粒子总数为1000
elseif(d >= 1000)
    m = 500;    % 如果决策变量维度大于等于1000且小于2000,种群粒子总数为500
elseif(d >= 100)
    m = 100;    % 如果决策变量维度大于等于100且小于1000,种群粒子总数为100
elseif(d < 100)
    m = 50;    % 如果决策变量维度小于100,种群粒子总数为50
end


for run = 1 : runnum    %run 为实验独立运行次数

    fitness_function = @(x)(benchmark_func(x, funcid));% 将函数 benchmark_func() 的
句柄赋值给变量 fitness_function
    [bestever, swarm] = cso(fitness_function,m, lu(1, :), lu(2, :), maxitor, phi);% 调用
cso() 函数,将 fitness_function、m、lu(1, :)、lu(2, :)、maxitor、phi 作为参数传递给该函数。
cso() 函数运行后,将找到的最优值和该最优值对应的解分别赋值给变量 bestever 和 swarm
```

results(funcid, run) = bestever;% 将序号为 funcid 的测试函数的第 run 次寻优结果存储在变量 results 的第 funcid 行第 run 列中

fprintf('Run No. %d Done! \n', run);% 输出提示字符串,提示第 run 次实验已完成
end;

end;

1.4.3　benchmark_func( ) 函数

下面给出 benchmark_func( ) 函数的具体程序,调用此函数可计算 CEC2008 测试函数集七个测试函数的适应度值。

function f = benchmark_func(x,func_num)

%CEC2008 测试函数集七个测试函数的适应度值计算,输入参数为决策变量 x 和测试函数的序号 func_num,输出参数 f 为变量 x 在第 func_num 个测试函数上计算得到的适应度值。x 为矩阵形式,可以同时计算多个决策变量的适应度值,其中每一行为一个决策变量,返回的 f 是一个向量,每个元素代表对应一个决策变量的适应度值

global initial_flag　　% 全局变量 initial_flag 的申明

load fbias_data;　　% 使用 load 命令加载名为"fbias_data"的 MAT 文件,加载后获得变量 f_bias 及其中的数据

persistent fhd f_bias % 定义 fhd 变量和 f_bias 变量为函数内部引用的局部变量,多次调用该函数时可以保持该变量的值不变,避免重复计算。persistent 型变量的值只能在定义它的函数文件中进行修改

if initial_flag == 0　　% 首次调用 benchmark_func( ) 函数对某一测试函数进行实验时,需要在调用之前将全局变量 initial_flag 赋值为 0,以便进行下列操作,将所需的测试函数的句柄赋值给 fhd。若 initial_flag 的值不为 0,则不再进行函数句柄的赋值操作。但是由于存储函数句柄的变量 fhd 已经被定义为 persistent 型变量,再次调用 benchmark_func( ) 函数时,存储在 fhd 中的函数句柄不会发生变化,因此全局变量 initial_flag 和 persistent 型变量 f_bias 的配合使用,减少了函数句柄的重复赋值,对于同一个测试函数,只在第一次调用 benchmark_func( ) 函数时进行了函数句柄的赋值,再次使用 benchmark_func( ) 函数即可直接进行"f = feval(fhd,x) + f_bias(func_num);" 语句的计算操作

if func_num == 1　　　　fhd = str2func('sphere_shift_func');% 如果变量 func_num 的值等于 1,表示选中第一个测试函数,将字符串 sphere_shift_func 转换成函数句柄,并赋值给变量

fhd。改变 str2func( ) 中的字符串,可以分别选中其他测试函数,如下所示

　　elseif func_num == 2　　fhd = str2func('schwefel_func');

　　elseif func_num == 3　　fhd = str2func('rosenbrock_shift_func');

　　elseif func_num == 4　　fhd = str2func('rastrigin_shift_func');

　　elseif func_num == 5　　fhd = str2func('griewank_shift_func');

　　elseif func_num == 6　　fhd = str2func('ackley_shift_func');

　　elseif func_num == 7　　fhd = str2func('fastfractal_doubledip');

　　end

end

f = feval(fhd, x) + f_bias(func_num); % 按照文献中的定义计算适应度值

1.4.4　CEC2008 测试函数

　　选用 CEC2008 测试函数集的七个测试函数进行 CSO 的优化仿真测试。具体函数定义如下。

(1) f_1:Shifted Sphere 函数(图 1.1)。

$$f_1(X) = \sum_{i=1}^{D} z_i^2 + f\_bias_1, \boldsymbol{Z} = \boldsymbol{X} - \boldsymbol{O}, \boldsymbol{X} = [x_1, x_2, \cdots, x_D] \tag{1.4}$$

式中,D 是决策变量的维度;$\boldsymbol{O} = [o_1, o_2, \cdots, o_D]$ 是全局最优。

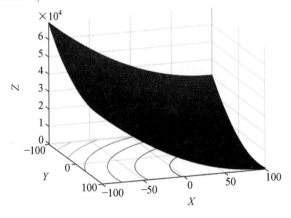

图 1.1　函数 f_1 示意图($D = 2$)

　　① 函数特点。单峰、可转移、可分、可伸缩。维度 D 为 100、500 和 1 000。$\boldsymbol{X} \in [-100, 100]^D$。

　　② 全局最优 $\boldsymbol{X}^* = \boldsymbol{O}$,$f_1(\boldsymbol{X}^*) = f\_bias_1 = -450$。

　　③ 相关数据文件。

名称：sphere_shift_func_data. mat。

变量：O 为 $1 \times 1\,000$ 向量，当 $D = 100$、500 时，选取 $O = O(1;D)$。

(2)f_2：Schwefel 函数（图 1.2）。

$$f_2(\boldsymbol{X}) = \max_i \{|z_i|, 1 \leqslant i \leqslant D\} + f\_\text{bias}_2, \boldsymbol{Z} = \boldsymbol{X} - \boldsymbol{O}, \boldsymbol{X} = [x_1, x_2, \cdots, x_D]$$

$$(1.5)$$

式中，D 是决策变量的维度；$\boldsymbol{O} = [o_1, o_2, \cdots, o_D]$ 是全局最优。

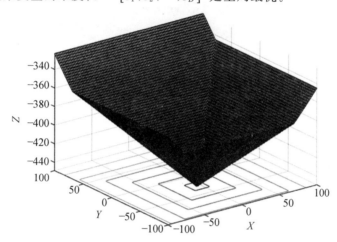

图 1.2　函数 f_2 示意图（$D = 2$）

① 函数特点。单峰、可转移、不可分、可伸缩。维度 D 为 100、500 和 1 000。$\boldsymbol{X} \in [-100, 100]^D$。

② 全局最优 $\boldsymbol{X}^* = \boldsymbol{O}$，$f_2(\boldsymbol{X}^*) = f\_\text{bias}_2 = -450$。

③ 相关数据文件。

名称：schwefel_shift_func_data. mat。

变量：O 为 $1 \times 1\,000$ 向量，当 $D = 100$、500 时，选取 $\boldsymbol{O} = \boldsymbol{O}(1;D)$。

(3)f_3：Rosenbrock 函数（图 1.3）。

$$f_3(\boldsymbol{X}) = \sum_{i=1}^{D-1} (100\,(z_i^2 - z_{i+1})^2 + (z_i - 1)^2) + f\_\text{bias}_3$$

$$\boldsymbol{Z} = \boldsymbol{X} - \boldsymbol{O} + 1, \boldsymbol{X} = [x_1, x_2, \cdots, x_D] \qquad (1.6)$$

式中，D 是决策变量的维度；$\boldsymbol{O}$ 是全局最优，$\boldsymbol{O} = [o_1, o_2, \cdots, o_D]$。

① 函数特点。多峰、可转移、不可分、可伸缩、具有从局部最优到全局最优的非常窄的谷。维度 D 为 100、500 和 1 000。$\boldsymbol{X} \in [-100, 100]^D$。

② 全局最优 $\boldsymbol{X}^* = \boldsymbol{O}$，$f_3(\boldsymbol{X}^*) = f\_\text{bias}_3 = 390$。

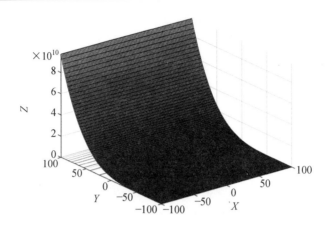

图 1.3　函数 f_3 示意图($D=2$)

③ 相关数据文件。

名称：rosenbrock_shift_func_data.mat。

变量：$\boldsymbol{O}$ 为 $1 \times 1\,000$ 向量，当 $D=100$、500 时，选取 $\boldsymbol{O}=\boldsymbol{O}(1:D)$。

(4)f_4：Rastrigin 函数（图 1.4）。

$$f_4(\boldsymbol{X}) = \sum_{i=1}^{D}(z_i^2 - 10\cos(2\pi\,z_i) + 10) + f\_\mathrm{bias}_4, \boldsymbol{Z}=\boldsymbol{X}-\boldsymbol{O}, \boldsymbol{X}=[x_1, x_2, \cdots, x_D]$$

(1.7)

式中，D 是决策变量的维度；$\boldsymbol{O}=[o_1, o_2, \cdots, o_D]$ 是全局最优。

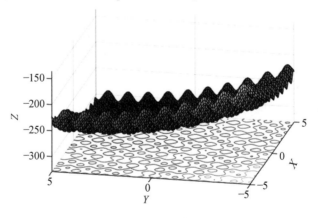

图 1.4　函数 f_4 示意图($D=2$)

① 函数特点。多峰、可转移、可分、可伸缩、局部最优数巨大。维度 D 为 100、500 和 $1\,000$。$\boldsymbol{X} \in [-5,5]^D$。

② 全局最优$\boldsymbol{X}^* = \boldsymbol{O}$,$f_4(\boldsymbol{X}^*) = f\_\text{bias}_4 = -330$。

③ 相关数据文件。

名称:rastrigin_shift_func_data. mat。

变量:$\boldsymbol{O}$ 为 $1 \times 1\,000$ 向量,当 $D = 100$、500 时,选取 $\boldsymbol{O} = \boldsymbol{O}(1:D)$。

(5)f_5:Griewank 函数(图 1.5)。

$$f_5(\boldsymbol{X}) = \sum_{i=1}^{D} \frac{z_i^2}{4\,000} - \prod_{i=1}^{D} \cos\left(\frac{z_i}{\sqrt{i}}\right) + 1 + f\_\text{bias}_5, \boldsymbol{Z} = (\boldsymbol{X} - \boldsymbol{O}), \boldsymbol{X} = [x_1, x_2, \cdots, x_D]$$

$$(1.8)$$

式中,D 是决策变量的维度;$\boldsymbol{O} = [o_1, o_2, \cdots, o_D]$ 是全局最优。

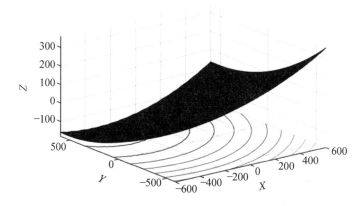

图 1.5　函数 f_5 示意图($D = 2$)

① 函数特点。多峰、可转移、不可分、可伸缩。维度 D 为 100、500 和 $1\,000$。$\boldsymbol{X} \in [-600, 600]^D$。

② 全局最优$\boldsymbol{X}^* = \boldsymbol{O}$,$f_5(\boldsymbol{X}^*) = f\_\text{bias}_5 = -180$。

③ 相关数据文件。

名称:griewank_shfit_func_data. mat。

变量:$\boldsymbol{O}$ 为 $1 \times 1\,000$ 向量,当 $D = 100$、500 时,选取 $\boldsymbol{O} = \boldsymbol{O}(1:D)$。

(6)f_6:Ackley 函数(图 1.6)。

$$f_6(\boldsymbol{X}) = -20e^{-0.2\sqrt{\frac{1}{D}\sum_{i=1}^{D} z_i^2}} - e^{\frac{1}{D}\sum_{i=1}^{D}\cos(2\pi z_i)} + 20 + e + f\_\text{bias}_6 \qquad (1.9)$$

式中,$\boldsymbol{X} = [x_1, x_2, \cdots, x_D]$;$D$ 是决策变量的维度。$\boldsymbol{Z} = \boldsymbol{H} - \boldsymbol{O}$,$\boldsymbol{O}$ 是全局最优,$\boldsymbol{O} = [o_1, o_2, \cdots, o_D]$。

① 函数特点。多峰、可转移、可分、可伸缩。维度 D 为 100、500 和 $1\,000$。$\boldsymbol{X} \in [-32, 32]^D$。

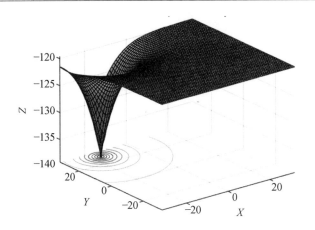

图 1.6　函数 f_6 示意图（$D=2$）

② 全局最优 $\boldsymbol{X}^* = \boldsymbol{O}$，$f_6(\boldsymbol{X}^*) = f\_\text{bias}_6 = -140$。

③ 相关数据文件。

名称：ackley_shift_func_data.mat。

变量：$\boldsymbol{O}$ 为 $1 \times 1\,000$ 向量，当 $D=100$、500 时，选取 $\boldsymbol{O} = \boldsymbol{O}(1:D)$。

$(7)\,f_7$：FastFractal "DoubleDip" 函数。

注意：要在 .m 文件中使用此函数，请在开头包含以下行以调用该函数文件：

javaclasspath('Fractal Functions.jar')

$$f_7(\boldsymbol{X}) = \sum_{i=1}^{D} \text{fractal1D}(x_i + \text{twist}(x_{(i\,\text{mod}\,D)+1})) \tag{1.10}$$

$$\text{twist}(y) = 4(y^4 - 2y^3 + y^2) \tag{1.11}$$

$$\text{fractal1D}(x) \approx \sum_{k=1}^{3} \sum_{1}^{2^{k-1}} \sum_{1}^{\text{ran2}(o)} \text{doubledip}\left(x, \text{ran1}(o), \frac{1}{2^{k-1}(2-\text{ran1}(o))}\right) \tag{1.12}$$

$$\text{doubledip}(x,c,s)$$
$$= \begin{cases} (-6\,144(x-c)^6 + 3\,088(x-c)^4 - 392(x-c)^2 + 1)s, & -0.5 < x < 0.5 \\ 0, & \text{其他} \end{cases} \tag{1.13}$$

式中，$\boldsymbol{X} = [x_1, x_2, \cdots, x_D]$；$D$ 是决策变量的维度；$\text{ran1}(o)$ 表示双、伪随机选择，种子为 0，在区间 $[0,1]$ 内具有等概率；$\text{ran2}(o)$ 表示整数，伪随机选择，种子为 0，从集合 $\{0,1,2\}$ 中以等概率选择；$\text{fractal1D}(\boldsymbol{X})$ 是一个近似递归算法。

① 函数特点。　多峰、不可分、可伸缩。　维度 D 为 100、500 和 1\,000，

$X \in [-1,1]^D$。

② 全局最优未知，$f_7(X^*)$ 未知。

③ 相关数据文件。

名称：fastfractal_doubledip_data. mat。

变量：O 为整数，作为随机生成器的种子。

由于七个测试函数只是计算式不同，其他操作类似，因此只对第一个测试函数的代码进行详细注解。具体代码如下：

```
%(1)Shifted Sphere′s Function
function fit = sphere_shift_func(x)    % 定义第一个测试函数,输入参数为变量 x,输出参数为 x
的适应度值 fit
global initial_flag    % 全局变量 initial_flag 的申明
persistent o    % 定义变量 o 为函数内部引用的局部变量,其值只能在 sphere_shift_func() 函数
内部被修改,每次调用 sphere_shift_func() 函数时,变量 o 的值为上次调用 sphere_shift_func()
函数时 o 的值
[ps,D] = size(x);% 将变量 x 的行数(即变量个数,也就是粒子数)赋值给 ps,x 的列数(即变量
的维度)赋值给 D

if initial_flag == 0
load sphere_shift_func_data    % 使用 load 命令加载名为"sphere_shift_func_data" 的 MAT 文件,
加载后获得变量 o 及其中的数据
if length(o) >= D
        o = o(1:D);    % 若变量 o 的维度大于等于输入向量"x" 的维度 D,则将 o 中的 D 个数
据截断后重新复制给 o
else
        o = -100 + 200 * rand(1,D);% 若变量 o 的维度小于输入向量"x" 的维度 D,则产生
-100 到 100 内的 D 个随机数赋值给 o
end
    initial_flag = 1; % 若 initial_flag 的值为 0,则进行两个操作:一是加载该变量是 Shifted
Sphere 函数的最优解数值到变量 o 中;二是根据当前 x 的维度对变量 o 的维度进行截断。以上两
个操作只在首次调用 sphere_shift_func() 函数时才需要,因此首次调用完成上述两个操作之后,
令全局变量 initial_flag 的值为 1,后续再次调用 sphere_shift_func() 函数时,只要 x 的维度没有
变化,就不需要改变 initial_flag 的值,只要 initial_flag 的值一直为 1,就不会再重复执行上述加载
和截断的操作。当 x 的维度改变时,需要在调用 sphere_shift_func() 函数之前给 initial_flag 赋值
为 0
end
```

x = x − repmat(o,ps,1)；% 按照函数定义式,现以 o 为单元复制扩展为 ps 行 1 列的矩阵,再完
成 x 与该矩阵相减操作

fit = sum(x.^2,2)；% 按照函数定义式计算适应度值,x.^2 指向量 x 中每个元素的平方,fit 为列
向量,该列向量的每个元素都是对应 x 中一个行向量的适应度值

```
%(2)Shifted Schwefel's Problem
function fit = schwefel_func(x)
    global initial_flag
    persistent o
    [ps, D] = size(x);
    if (initial_flag == 0)
      load schwefel_shift_func_data
      if length(o) >= D
          o = o(1:D);
      else
          o = −100 + 200 * rand(1,D);
      end
      initial_flag = 1;
    end
    x = x − repmat(o,ps,1);
    fit = max(abs(x), [], 2);
```

```
%(3)Shifted Rosenbrock's Function
function f = rosenbrock_shift_func(x)
global initial_flag
persistent o
[ps,D] = size(x);

if initial_flag == 0
    load rosenbrock_shift_func_data

    if length(o) >= D
        o = o(1:D);
    else
        o = −90 + 180 * rand(1,D);
    end
```

```
    initial_flag = 1;
end
x = x − repmat(o,ps,1) + 1;
f = sum(100. * (x(:,1:D−1). ^2 − x(:,2:D)). ^2 + (x(:,1:D−1) − 1). ^2,2);



% (4)Shifted Rastrign's Function
function f = rastrigin_shift_func(x)
global initial_flag
persistent o
[ps,D] = size(x);
if initial_flag == 0
    load rastrigin_shift_func_data
    if length(o) >= D
        o = o(1:D);
    else
        o = −5 + 10 * rand(1,D);
    end
    initial_flag = 1;
end
x = x − repmat(o,ps,1);
f = sum(x. ^2 − 10. * cos(2. * pi. * x) + 10,2);


% (5)Shifted Griewank's Function
function f = griewank_shift_func(x)
global initial_flag
persistent o
[ps,D] = size(x);
if initial_flag == 0
    load griewank_shift_func_data
    if length(o) >= D
        o = o(1:D);
    else
        o = −600 + 1 200 * rand(1,D);
end
    o = o(1:D);
```

```
    initial_flag = 1;
end
x = x - repmat(o,ps,1);
f = 1;

for i = 1:D
    f = f. * cos(x(:,i)./sqrt(i));
end
f = sum(x.^2,2)./4 000 - f + 1;
    % 计算 f 的值


%(6)Shifted Ackley's Function
function f = ackley_shift_func(x)
global initial_flag
persistent o
[ps,D] = size(x);
if initial_flag == 0
    load ackley_shift_func_data
    if length(o) >= D
        o = o(1:D);
    else
        o = -30 + 60 * rand(1,D);
    end
    initial_flag = 1;
end
x = x - repmat(o,ps,1);

f = sum(x.^2,2);
f = 20 - 20. * exp(-0.2. * sqrt(f./D)) - exp(sum(cos(2. * pi. * x),2)./D) + exp(1);


%(7)FastFractal "DoubleDip"
function f = fastfractal_doubledip(x)
global initial_flag
persistent o ff
[ps,D] = size(x);
```

```
if initial_flag == 0
    load fastfractal_doubledip_data
    ff = FastFractal('DoubleDip', 3, 1, o, D);
    initial_flag = 1;
end
f = ff. evaluate(x);
```

第 2 章　　改进竞争群算法

2.1　改　进　策　略

（1）在 CSO 算法中，种群中的粒子两两竞争后，失败粒子按照式（1.2）更新自己的速度，再按照式（1.3）更新自己的位置。其中，φ 是惯性权重，用于控制 $\boldsymbol{X}(t)$ 的影响。当 φ 的值较大时，可以更好地进行全局搜索；当 φ 的值较小时，将进行局部搜索。因此，将 φ 的值按下式进行计算，使得算法先进行全局搜索，再进行局部搜索，即

$$\varphi = \frac{\varphi_0}{2} + \frac{\varphi_0^2}{2} \times \boldsymbol{V}(t) \tag{2.1}$$

式中，$\boldsymbol{V}(t)$ 是迭代次数 t 的函数，其计算公式为

$$\boldsymbol{V}(t) = \boldsymbol{V}_0 + \alpha \times \frac{d^n}{d^n + t^n} \tag{2.2}$$

其中，$\boldsymbol{V}_0$ 是初始值；α 是常量系数；d 是下降阈值；n 是下降系数。n 和 d 共同决定 $\boldsymbol{V}(t)$ 随着迭代次数增加而下降的曲线斜率。

（2）在 CSO 算法中，每次竞争都将种群中的粒子进行成对划分，每组中有两个粒子进行成对竞争，适应度值较差的为失败者，适应度值较优的为胜利者。可以设置分组参数 k 代表每组中的粒子个数，改变 k 的取值，从而考查算法在不同粒子分组下的性能变化。在划分后的每组粒子中，所有粒子相互竞争，可以定义适应度值最差的为失败者，定义适应度值最优的为胜利者。

（3）为提高算法局部搜索的能力，需要在种群进化后期加强局部搜索。首先，采用熵的概念评估种群进化状态。然后，引入灰狼算法对种群进行局部搜索，完成对最优粒子的更新。

① 种群进化状态的评估。在种群进化过程中，种群由无序变为有序，逐渐收敛，其实是一个熵减的过程，采用相邻两代熵值之差描述种群的进化阶段，种群第 t 代的熵值 e^t 由种群的标准化四分位差 $\inf_i$ 和标准化中位数差 $\Delta \mathrm{mid}^t$ 计算求得，有

$$e^t = -\sum_{i=1}^{N} \inf_i \times \lg \inf_i - \sum_{i=1}^{N} \Delta \mathrm{mid}_i^t \times \lg \Delta \mathrm{mid}_i^t \tag{2.3}$$

$$\inf = \frac{Q_3 - Q_1}{\mathrm{ub} - \mathrm{lb}} \tag{2.4}$$

$$\Delta \mathrm{mid}^t = \frac{\left| \mathrm{mid}^t - \mathrm{mid}^{t-1} \right|}{\mathrm{ub} - \mathrm{lb}} \tag{2.5}$$

式中，Q_3 和 Q_1 分别为有序数列的上四分位数和下四分位数；$ub-lb$ 为决策空间上下界之差；N 为种群规模；mid^t 为第 t 代种群的决策变量的标准化中位数。则相邻两代熵值之差为

$$\Delta e^t = |e^t - e^{t-1}| \tag{2.6}$$

Δe^t 越大，表明种群中个体的变化越大，说明种群正在积极探索未知的潜在解空间；Δe^t 越小，表明种群越稳定，说明种群正在收敛。因此，Δe^t 可以用来判定种群进化状态，设定 μ 为阈值，则有：

a. 若 $|\Delta e^t| < \mu$，则表明算法处于"探索"阶段，种群正在探索解空间；

b. 若 $|\Delta e^t| < \mu$，则表明算法进入"探究"阶段，种群可能开始收敛。

为设定合适的阈值 μ，计算个体均匀分布时的标准化四分位差 $\overline{inf}$ 并进行归一化处理，可知此时 $\overline{inf}=1/2$。进一步考虑阈值 μ 与决策空间维数存在着线性关系，最终设计阈值 μ 的计算公式为

$$\mu = D \times \left(\overline{inf} + \frac{1}{N}\right) \times \lg\left(\overline{inf} + \frac{1}{N}\right) - D \times \overline{inf} \times \lg \overline{inf} \tag{2.7}$$

② 灰狼算法。灰狼算法将狼群分为四类：α 狼、β 狼、δ 狼和其他狼。α 狼、β 狼、δ 狼是狼群中最优的三个解，由于其他狼并不知道最优解的位置，因此 α 狼、β 狼、δ 狼作为狼群的首领，将引导其他狼自动地调整搜索范围和步伐。每次调整后会重新计算狼群中每只狼的适应度值，最优的三匹狼将成为下一代的 α 狼、β 狼、δ 狼。通过算法迭代更新实现对最优解的逐渐逼近，最终以 α 狼为最优解。

灰狼群体狩猎时，主要进行包围、猎捕、攻击、寻找猎物四类行为。算法初始化后默认 α 狼、β 狼、δ 狼实现了对最优解的包围，其他狼通过 α 狼、β 狼、δ 狼的引导进行位置更新，从而实现整个狼群对最优解的围捕。建立数学模型，有

$$\boldsymbol{D} = |\boldsymbol{C} \cdot \boldsymbol{X}_p(t) - \boldsymbol{X}(t)| \tag{2.8}$$

$$\boldsymbol{X}(t+1) = \boldsymbol{X}_p(t) - \boldsymbol{A} * \boldsymbol{D} \tag{2.9}$$

式中，$\boldsymbol{X}(t)$ 为第 t 代时灰狼个体的位置；$\boldsymbol{X}_p$ 为猎物的位置；$\boldsymbol{A}$ 和 $\boldsymbol{C}$ 为系数向量，有

$$\boldsymbol{A} = 2\boldsymbol{a} \cdot \boldsymbol{r}_1 - \boldsymbol{a} \tag{2.10}$$

$$\boldsymbol{C} = 2 \cdot \boldsymbol{r}_2 \tag{2.11}$$

其中，$\boldsymbol{r}_1$、$\boldsymbol{r}_2$ 为 $[0,1]$ 的随机数向量；$\boldsymbol{a}$ 中各元素的值随迭代次数由 2 线性递减到 0。将式（2.8）和式（2.9）中的 $\boldsymbol{X}_p$ 分别具体化为 α 狼、β 狼、δ 狼，可以得到

$$\boldsymbol{D}_\alpha = |C_1 \cdot \boldsymbol{X}_\alpha - \boldsymbol{X}(t)| \tag{2.12}$$

$$\boldsymbol{D}_\beta = |C_2 \cdot \boldsymbol{X}_\beta - \boldsymbol{X}(t)| \tag{2.13}$$

$$\boldsymbol{D}_\delta = |C_3 \cdot \boldsymbol{X}_\delta - \boldsymbol{X}(t)| \tag{2.14}$$

$$\boldsymbol{X}_1 = \boldsymbol{X}_\alpha - A_1 \cdot \boldsymbol{D}_\alpha \tag{2.15}$$

$$\boldsymbol{X}_2 = \boldsymbol{X}_\beta - \boldsymbol{A}_2 \cdot \boldsymbol{D}_\beta \tag{2.16}$$

$$\boldsymbol{X}_3 = \boldsymbol{X}_\delta - \boldsymbol{A}_3 \cdot \boldsymbol{D}_\delta \tag{2.17}$$

$$\boldsymbol{X}(t+1) = \frac{\boldsymbol{X}_1 + \boldsymbol{X}_2 + \boldsymbol{X}_3}{3} \tag{2.18}$$

计算得到当前狼的下一个位置。

通过反复迭代更新狼群位置并生成新的 α 狼、β 狼、δ 狼，狼群不断逼近猎物，直至完成捕获猎物（全局优化）这一目标。该过程主要通过 a 由 2 线性递减到 0 来实现。相应地，$\boldsymbol{A}$ 的值也在 $[-a,a]$ 区间内取得任意值。当 $|\boldsymbol{A}| < 1$ 时，狼群的下一个位置将更加接近猎物所在的位置，从而集中进行攻击，这对应于算法的局部搜索；当 $|\boldsymbol{A}| > 1$ 时，狼群就会逐渐远离猎物，这对应于算法的全局搜索。

2.2　改进 CSO 算法步骤

改进后的 CSO 算法求解多维极值问题 $\min f(\boldsymbol{X}), s.t. \boldsymbol{X} \in \mathbf{R}^D$ 的算法步骤如下。

① 首先初始化迭代次数 t、惯性权重 phi 和分组参数 k，随机生成初始种群 $P(0)$。

② 按式（2.7）计算阈值 threshold，按式（2.3）～（2.6）计算种群在当前进化代数 t 时刻的熵值和相邻两代熵值之差，设置变量 Dsum，保存熵差小于阈值出现的次数。

③ 判断迭代终止条件是否满足，若满足，则转步骤 ⑩，否则转步骤 ④。

④ 初始化下降阈值 d 和下降系数 n，按式（2.1）和式（2.2）计算惯性权重 phi 在当前进化代数 t 时的值。

⑤ 按照分组参数 k 将种群进行分组，在每组中选出优胜粒子和失败粒子，利用式（1.2）和式（1.3）更新失败粒子，其中惯性权重 phi 采用步骤 ④ 计算得到的值，迭代次数 $t=t+1$。

⑥ 计算此时种群决策变量的熵和相邻两代熵值之差，判断熵差与阈值 threshold 的大小关系，如果熵差小于阈值，变量 Dsum＝Dsum＋1，然后转步骤 ⑦，否则直接转步骤 ⑧。

⑦ 计算此时种群中每个维度上决策向量的中位数，用于下一轮迭代时熵值的计算。

⑧ 判断变量 Dsum 的值，如果 Dsum ≥ 2，则转步骤 ⑨，否则转步骤 ③。

⑨ 种群进入"探究阶段"，利用灰狼算法更新每组的优胜粒子，然后转步骤 ③。

⑩ 输出种群中的全局最优个体。

2.3　改进 CSO 算法的 MATLAB 实现

2.3.1　CSO_improved 函数

以下是对改进 CSO 算法的 CSO_improved、improved 函数的代码说明。

```
% 此代码操作运行基于 PlatEMO 平台,且利用 PlatEMO 平台中 ALGORITHM 类提供的通用
方法和属性
classdefCSO_improved < ALGORITHM

methods
functionmain(Algorithm,Problem)
%% Parameter setting
phi0 = Algorithm. Parameter Set(0.2);% 设置惯性权重的初始值
K = 2;             % 设置分组规模参数 K,即每组的规模
%% Generate random population
Population = Problem. Initialization();% 通过 Problem 对象的初始化函数生成初始随机种群

N = Problem. N;% 种群规模
D = Problem. D;% 决策变量维度
ub = Problem. upper;% 决策变量上界
lb = Problem. lower; % 决策变量下界
maxGeneration = ceil(Problem. maxFE / Problem. N * K);% 种群最大进化代数,根据最大
适应度评估次数、种群规模和分组参数计算种群的最大进化次数,"种群规模 / 分组参数" 可以
得到种群一共有多少个分组,由于每个分组中只更新最差粒子,即只做一次适应度评估,因此每
轮进化消耗的适应度评估数为 Problem. maxFE / 分组数

threshold = D * ((0.5+1/N) * log10(0.5+1/N)−0.5 * log10(0.5));% 判断种群进化状态的
阈值
fprintf('阈值:%f\n',threshold);

[dec,∼] = getPopulationDecAndObj(Population);% 提取种群的决策向量

X = sort(dec);                    % 对决策向量每个维度进行排序

mid = X(int32(N * 2/4),:);              % 计算决策向量每个维度的中位数
```

t = 1;　　　　　　　　　　　　　　% 初始化迭代次数

entropyArr = zeros(1, maxGeneration); % 生成一个 1 行 maxGeneration 列的零矩阵, 用来存储每代种群的熵

entropyDifferenceArr = zeros(1, maxGeneration); % 生成一个 1 行 maxGeneration 列的零矩阵, 用来存储相邻两代种群的熵差

entropy = getEntropy(Population, ub, lb, mid); % 调用 getEntropy 函数, 利用四个参数 (种群、上界、下界及中位数) 计算熵值并存储到 entropy 中

entropyArr(t) = entropy; % 将计算得到的熵值存储到 entropArr 中, t 代表当前迭代次数, entropyArr 会随着熵值计算的更新而更新

Dsum = 0; % 初始化变量 Dsum 为 0, 代表熵差小于阈值的次数, 在之后的计算中统计熵差小于阈值出现的次数并更新 Dsum 的值

genOfExploration = 0; % 初始化变量 genOfExploration 为 0, 用来记录局部搜索阶段的代数

%% Optimization
while Algorithm. NotTerminated(Population)
d = 2;
n = 1;　　% 初始化下降阈值 d 和下降系数 n
[vUp, vDown] = getVUpAndVDown(t, d, n, 0); % 调用 getVUpANDVDown 函数, 计算得到 vUP 和 vDown, 其中 vDown 的值用于计算 phi 的值

phi = phi0 * vDown * phi0 / 2 + phi0 / 2; % 计算 phi 的在当前迭代代数的值, 保证 phi 的值随着 t 的增长呈先大后小变化

% Determine the losers and winners
rank　　　 = randperm(Problem.N); % 将 1:Problem.N 的数字序列随机打乱顺序, 得到一个新的序列存入 rank

loser　　 = zeros(1, floor(Problem.N / K));
winner　 = zeros(1, floor(Problem.N / K));

%floor(Problem. N/K) 得到的是整个种群的分组数（若含小数则进行向零方向取整），loser 用于存放每个分组的最差粒子，winner 用于存放每个分组的最优粒子

fori = 1：floor(Problem. N / K)% 循环遍历每个分组，下述操作在每个分组的子群中进行

startIndex = (i - 1) * K + 1;% 每个分组的子群中第一个粒子的相对索引值

endIndex　 = i * K；% 每个分组的子群中最后一个粒子的相对索引值

smallPopulationI = rank(startIndex：endIndex)；% 通过第一个粒子和最后一个粒子的相对索引值从打乱索引顺序的 rank 中取出 K 个粒子的绝对索引值，存入 smallPopulationI 中

smallPopFitness = FitnessSingle(Population(smallPopulationI))；
% 通过 Population(smallPopulationI) 操作将种群中绝对索引值为 smallPopulationI 的 K 个粒子取出构成一个分组子群，然后调用 FitnessSingle 计算子群粒子的适应度值，存入 smallPopFitness

[~, minI] = min(smallPopFitness)；% 获取 smallPopFitness 中最小的适应度值并将其索引值存储在 minI 中
[~, maxI] = max(smallPopFitness)；% 获取 smallPopFitness 中最大的适应度值并将其索引值存储在 maxI 中

winner(i) = smallPopulationI(minI)；% 将适应度值最小的粒子的索引值存储在 winner 数组的第 i 个位置，i 为每个分组的序号

loser(i) = smallPopulationI(maxI)；　% 将适应度值最大的粒子的索引值存储在 loser 数组的第 i 个位置，i 为每个分组的序号
　　end

% 通过向胜利者学习来更新失败者
LoserDec　 = Population(loser). decs；% 利用 loser 中存储的失败粒子的索引值，从种群中提取失败者粒子的决策变量，存储在 Loser Dec 中

WinnerDec = Population(winner). decs；% 利用 winner 中存储的优胜粒子的索引值，从种群中提取失败者粒子的决策变量，存储在 Winner Dec 中

LoserVel ＝ Population(loser). adds(zeros(size(Loser Dec)))；% 为每组的失败粒子初始化它们的速度,速度的维度与决策变量的维度一致,且初始值为 0,各组的失败粒子的速度初始化之后都存入 LoserVel 中,这是一个 Problem. N/K 行 D 列的矩阵,每行对应一个粒子的速度

R1 ＝ rand(floor(Problem. N / K),Problem. D)；

R2 ＝ rand(floor(Problem. N / K),Problem. D)；

R3 ＝ rand(floor(Problem. N / K),Problem. D)；% 给 R1、R2、R3 随机赋值,维度与与决策变量的维度一致
LoserVel ＝ R1. * LoserVel ＋ R2. * (WinnerDec － LoserDec) ＋ phi. * R3. *
(repmat(mean(Population. decs,1),floor(Problem. N / K),1) － LoserDec)；
% 更新失败者的速度

LoserDec ＝ LoserDec ＋ LoserVel； % 更新失败者的决策变量

Population(loser) ＝ Problem. Evaluation(LoserDec,LoserVel)；% 对更新后的失败粒子计算其适应度值,然后用失败粒子更新后的决策变量、速度和适应度值替换原来的决策变量、速度和适应度值

t ＝ t＋1； % 完成一轮迭代,迭代次数增加 1
entropy ＝ getEntropy(Population, ub, lb, mid)；% 计算此时种群中决策变量的熵
entropyArr(t) ＝ entropy； % 将计算得到的熵值存储到 entropArr 中,t 代表当前迭代次数,记录每轮迭代后种群的熵值,以便进行熵差的计算
entropyDifferenceArr(t) ＝ abs(entropyArr(t－1) － entropyArr(t))；% 计算相邻两代种群的熵差

if entropyDifferenceArr(t) ＜ threshold %
Dsum ＝ Dsum ＋ 1； % 如果熵差小于阈值,Dsum 增加 1
end

[dec，～] ＝ getPopulationDecAndObj(Population)；% 提取种群的决策向量

X ＝ sort(dec)；% 对决策向量每个维度进行排序

mid ＝ X(int32(N * 2/4),:)；% 决策向量每个维度的中位数

if Dsum $>=$ 2　　　　　　　　　　% 如果 Dsum 的值大于或等于 2,表明熵差小于阈值的情况出现了 2 次或 2 次以上,则种群进入进化后期,开始局部搜索

if genOfExploration $==$ 0　　　　% 记录种群在第几轮迭代进入局部搜索

genOfExploration $=$ t;

fprintf(′第 %d 轮进入" 探究阶段"\n′, genOfExploration);
end

popFitness $=$ FitnessSingle(Population);% 计算种群中个体的适应度

[alphaIndividualDec, betaIndividualDec, deltaIndividualDec, alphaFitness, betaFitness, deltaFitness] $=$ getEliteIndividual(Population.decs, popFitness);% 应用灰狼算法开展局部搜索,alphaIndividualDec、betaIndividualDec、deltaIndividualDec 分别代表了最优个体、次优个体、第三优个体的决策变量,alphaFitness、betaFitness、deltaFitness 分别代表了它们的适应度值信息

a $=$ 2$-$(t$-$1) $*$ (2/maxGeneration);% 灰狼算法中的参数 a,随迭代次数从 2 线性减少到 0

[newWinnerDec] $=$ evolvePopulationGWO(a, alphaIndividualDec, betaIndividualDec, deltaIndividualDec, WinnerDec);% 利用灰狼算法更新每个分组中的优胜粒子,更新后的优胜粒子的决策变量存入 newWinnerDec 中

newWinnerVel $=$ newWinnerDec $-$ WinnerDec;% 通过优胜粒子更新后与更新前的决策变量做差算出优胜粒子的速度

newWinner $=$ Problem.Evaluation(newWinnerDec,newWinnerVel);
% 对更新后的优胜粒子计算其适应度值,然后将优胜粒子更新后的决策变量、速度和适应度值存入 newWinner 中

replace $=$ FitnessSingle(Population(winner)) $>$ FitnessSingle(newWinner);
% 比较优胜粒子更新前后的适应度值,得到逻辑比较的结果,存入 replace 中

temp $=$ winner(replace);% 根据逻辑比较结果,选出更新后适应度值下降了的优胜粒子的索引值,存入 temp 中

Population(temp) = newWinner(replace)；% 用更新后适应度值下降了的优胜粒子替换原种群中的对应粒子

Problem. FE = Problem. FE − Problem. N/K；% 总的适应度评估次数减去优胜粒子更新消耗的适应度评估次数

```
end
end
end
end
end
```

2.3.2　getPopulationDecAndObj 函数

以下是对 getPopulationDecAndObj 函数的代码说明，该函数用于提取种群的决策向量和目标向量。

```
function[dec, obj] = getPopulationDecAndObj(Population)
% 提取种群的决策向量与目标向量
    [∼,N] = size(Population)；% 获取种群中的个体数量 N
    [∼,M] = size(Population(1). dec)；% 获取种群中第一个个体的决策向量的维度 M
    dec = zeros(N,M)；% 创建一个 N 行 M 列的全零矩阵 dec,用于存储决策向量
    for i = 1:N
        X = Population(i). dec；% 将种群中第 i 个个体的决策向量存储到临时变量 X 中
        dec(i,:) = X；% 将临时变量 X 中的决策向量值赋给 dec 矩阵的第 i 行
end % 每次迭代都会将种群中每个个体的决策向量存储到 dec 矩阵中的相应行

    [∼,M] = size(Population(1). obj)；% 获取种群中第一个个体的目标向量的维度 M
    obj = zeros(N,M)；% 创建一个大小为 N 行 M 列的全零矩阵 obj,用于存储目标向量
for i = 1:N
        X = Population(i). obj；% 将种群中第 i 个个体的目标向量存储到临时变量 X 中
        obj(i,:) = X；% 将临时变量 X 中的目标向量值赋给 obj 矩阵的第 i 行
end

end
```

2.3.3　getEntropy 函数

下面给出 getEntropy 函数的具体程序，该函数用于计算种群熵。

function entropy = getEntropy(Population, ub, lb, m)　　% 输入参数:Population 是种群,ub 是决策变量的上界,lb 是决策变量的下界,m 是决策向量每个维度的中位数。输出参数:entropy 为种群的熵

　　[dec, ∼] = getPopulationDecAndObj(Population);% 调用函数 getPopulationDecAndObj,传递参数 Population,获取种群的决策向量 dec

　　X = sort(dec); % 对种群的决策变量 dec 进行排序并将结果存储在 X 中

　　N = size(X,1); % 获取决策向量矩阵 X 的行数,即种群的大小,存储在 N 中

　　Q1 = X(int32(N * 1/4),:); % 计算决策向量矩阵 X 中位于 1/4 处的值,存储在 Q1 中

　　Q2 = X(int32(N * 2/4),:); % 计算决策向量矩阵 X 中位于 2/4 处的值,存储在 Q2 中

　　Q3 = X(int32(N * 3/4),:); % 计算决策向量矩阵 X 中位于 3/4 处的值,存储在 Q3 中

　　inf = (Q3 − Q1)./(ub − lb); %inf:归一化因子,计算 Q3 与 Q1 的差值,再除以上下界的差值,在后续中可以将不同决策变量之间的值范围统一,消除不同变量尺度的差异导致的偏差问题

　　inf = inf + 0.000001; % 每个元素加一个微小值,保证 inf 不为 0

　　lgInf = log10(inf); % 对 inf 取对数

　　mid = abs((Q2 − m)./(ub − lb)); % 按式(2.5)计算相邻两代种群的决策变量的标准化中位数之差

　　mid = mid + 0.000001; % 对 mid 加一个微小值,保证 mid 不为 0

　　lgMid = log10(mid);% 对 mid 取对数

　　entropy = − sum(inf.* lgInf,2) − sum(mid.* lgMid,2);% 按式(2.3)计算第 t 代种群的熵值

end

2.3.4　getVUpAndVDown 函数

　　下面给出 getVUpAndVDown 函数的具体程序,调用此函数计算上升函数和下降函数。

function[vUp, vDown] = getVUpAndVDown(G, D, n, Sx0)

%getVUpANDVDown 函数,通过 G、D、n、Sx0 计算得到 vUP 和 vDown,其中 vDown 的值用于计算 CSO_improved 函数中 phi 的值,vDown 即式(2.1)中的 V(t)

　　alpha = 1;　　　　　% alpha 为常量系数

　　[fUp, fDown] = getFUpAndFDown(G, D, n);% 调用 getFUpAndFDown 函数,计算

fDown,即式(2.2)中的分式部分的值

```
    vUp = alpha * fUp + Sx0;  % 上升函数
    vDown = alpha * fDown + Sx0; % 下降函数,本例中仅使用下降函数,即式(2.2)
end
```

2.3.5　getFUpAndFDown 函数

下面给出 getFUpAndFDown 函数的具体程序,该函数用于计算上升分量和下降分量。

```
function[fUp, fDown] = getFUpAndFDown(G, D, n) % 计算 fUp,fDown
    fUp = G.^n / (D.^n + G.^n); % 计算激活函数的上升分量 fUp
    fDown = D.^n / (D.^n + G.^n); % 计算激活函数的下降分量 fDown,即式(2.2)中的分式
部分的值


end
```

2.3.6　getEliteIndividual 函数

下面给出 getEliteIndividual 函数的具体程序,该函数用于计算种群中 α 狼、β 狼、δ 狼的位置。

```
function[alphaIndividual, betaIndividual, deltaIndividual, alphaFitness, betaFitness,
deltaFitness] = getEliteIndividual(population, popFitness) % 从种群 population 中选出狼群算
法需要的 alpha 狼、beta 狼和 delta 狼。 其中,alphaIndividual 代表 alpha 狼的决策向量;
betaIndividual 代表 beta 狼的决策向量;deltaIndividual 代表 delta 狼的决策向量;alphaFitness 代
表 alpha 狼的适应度值;betaFitness 代表 beta 狼的适应度值;deltaFitness 代表 delta 狼的适应
度值
    [popFitness0, index] = sort(popFitness); % 根据适应度值从小到大排序

    population0 = population(index, :); % 根据排序索引 index 对种群的决策向量进行重新排
序,得到排序后的种群矩阵 population0


    alphaIndividual = population0(1, :); % 获取排序后的种群矩阵 population0 中排名第一
的个体的决策向量,存储在变量 alphaIndividual 中

    betaIndividual = population0(2, :); % 获取排序后的种群矩阵 population0 中排名第二的
个体的决策向量,存储在变量 betaIndividual 中

    deltaIndividual = population0(3, :); % 获取排序后的种群矩阵 population0 中排名第三的
个体的决策向量,存储在变量 deltaIndividual 中


    alphaFitness = popFitness0(1); % 获取排序后的适应度矩阵 popFitness0 中排名第一的
```

个体的适应度，存储在变量 alpha Fitness 中

betaFitness = popFitness0(2)；% 获取排序后的适应度矩阵 popFitness0 中排名第二的个体的适应度，存储在变量 beta Fitness 中

deltaFitness = popFitness0(3)；% 获取排序后的适应度矩阵 popFitness0 中排名第三的个体的适应度，存储在变量 deltaFitness 中

end

2.3.7　evolvePopulationGWO 函数

下面给出 evolvePopulationGWO 函数的具体程序。该函数对种群内每个个体进行灰狼搜索，最后返回新种群的位置。

function[newPopulation] = evolvePopulationGWO(a, alphaIndividual, betaIndividual, deltaIndividual, population) % 用灰狼算法更新种群 population，返回更新后的种群 newPopulation。alphaIndividual, betaIndividual, deltaIndividual 依次为灰狼群体中的 alpha 狼、beta 狼和 delta 狼的决策向量

newPopulation = zeros(size(population))；% 创建一个与原始群体大小相同的零矩阵，用于存储演化后的群体

populationSize = size(population，1)；% 获取群体的大小，即行数，存储在变量 population Size 中

for i = 1：population Size % 对于种群中的每个个体都进行更新

individual = population(i, :)；% 获取当前个体的决策变量，存储在变量 individual 中

newIndividual = evolveIndividual GWO(a, alphaIndividual, betaIndividual, deltaIndividual, individual)；% 调用 evolveIndividual GWO 函数，利用参数 a，alphaIndividual，betaIndividual，deltaIndividual，individual 计算当前个体更新后的决策变量 newIndividual

newPopulation(i, :) = newIndividual；% 将更新后的个体的决策变量 new Individual 存储在 newPopulation 群体的对应行中

end

end

2.3.8　evolveIndividualGWO 函数

下面给出 evolveIndividualGWO 函数的具体程序。该函数利用 α 狼、β 狼和 δ 狼计算当前个体经过灰狼搜索更新后的决策变量。

function[new Wolf] = evolveIndividualGWO(a, alphaWolf, betaWolf, deltaWolf, wolf) % 利用参数 a、alphaWolf、betaWolf、deltaWolf 计算当前个体 wolf 更新后的决策变量 newWolf

[newIndividual1] = updateIndividualStrategyGWO(a, alphaWolf, wolf)；% 调用 updateIndividualStrategyGWO 函数，利用 alpha 狼，计算个体更新值 newIndividual1，即式 (2.15) 中的 X_1

［newIndividual2］= updateIndividualStrategyGWO(a, betaWolf, wolf);

％ 调用 updateIndividualStrategyGWO 函数,利用 beta 狼,计算个体更新值 newIndividual2,即式
(2.16) 中的 X_2

［newIndividual3］= updateIndividualStrategy GWO(a, deltaWolf, wolf);

％ 调用 updateIndividualStrategyGWO 函数,利用 delta 狼,计算个体更新值 newIndividual3,即式
(2.17) 中的 X_3

newWolf = (newIndividual1 + newIndividual2 + newIndividual3) / 3;％ 按式(2.18)计算进化
后的新个体 new Wolf 的决策变量

end

2.3.9　updateIndividualStrategyGWO 函数

下面给出 updateIndividualStrategyGWO 函数的具体程序,该函数利用 α 狼、β
狼和 δ 狼中的一个狼计算当前个体更新后的决策变量。

function［newIndividual］= updateIndividualStrategyGWO(a, eliteIndividual, individual) ％ 根
据精英个体 eliteIndividual 更新个体 individual 的值,更新后的值存入 newIndividual 中

numOfDecVariables = length(individual);％计算个体 individual 的决策变量维度

r1 = rand(1, numOfDecVariables);％生成随机向量 r1,行数为 1,列数为个体的决策变量
维度

r2 = rand(1, numOfDecVariables);％生成随机向量 r2,行数为 1,列数为个体的决策变量
维度

A = 2 * a * r1 − a;　　　　　　 ％ 按式(2.10) 计算 A 的值

C = 2 * r2;　　　　　　　　 ％ 按式 (2.11) 计算 C 的值

diff = abs(C . * eliteIndividual − individual);　　 ％ 按式(2.8) 计算 D 的值

newIndividual = eliteIndividual − A. * diff;　　 ％ 按式 (2.9) 计算新个体的值

end

第二单元　水母优化算法及其改进算法在无人机路径规划中的应用

第3章　水母算法

3.1　基本思想

2020年,Chou和Truong受到水母在海洋中的运动行为启发,提出了人工水母搜索优化器(artificial jellyfish search optimizer, JS)[3]。算法模拟水母的搜索行为,主要包括水母跟随洋流的运动和它们在水母群内的运动(主动运动和被动运动)、这些运动之间切换的时间控制机制,以及它们汇聚成水母潮的过程。因为在洋流中有大量的营养物质,所以水母刚开始时会跟随洋流运动,等到一定时间后,水母便会跟随水母群运动。水母在水母群中运动分为被动(A型)运动和主动(B型)运动。最初,在水母群中的水母会表现为被动运动,也就是水母围绕自身位置运动,随着时间推移,水母慢慢会表现为主动运动,也就是跟随其他比自己食物量多的水母运动,最终大量水母聚集形成水母群。当温度或风改变洋流时,水母群会向另一条洋流移动,形成另一个水母群,而运动的方式则与上述一致。

3.2　JS算法的方法原理

JS算法基于以下三个理想化规则。

(1)水母要么跟随洋流,要么在群体中移动,一种“时间控制机制”控制着移动类型之间的切换。

(2)水母在海洋中移动寻找食物。它们更容易被吸引到可获得的食物量更大的地方。

(3)找到食物的数量由位置及其相应的目标函数确定。

3.2.1　洋流运动

洋流中有大量的营养物质,能够吸引水母向其游动。洋流的方向是通过对海

洋中每只水母到当前处于最佳位置的水母的所有矢量求平均值来确定的。洋流的方向为

$$\text{trend} = X^* - \beta \times \text{rand} \times \mu \tag{3.1}$$

式中，X^* 是当前水母群中的最佳位置；μ 是所有水母的平均位置；β 是一个分布系数，与 trend 的长度有关。根据数值试验中灵敏度分析的结果获得 $\beta = 3$。

水母在洋流运动的位置更新方式为

$$X_i(t+1) = X_i(t) + \text{rand} \times \text{trend} \tag{3.2}$$

3.2.2　水母群运动

在水母群中，水母分别是 A 型运动和 B 型运动。当群体刚刚形成时，大多数水母表现出 A 型运动。随着时间的推移，它们越来越多地表现出 B 型运动。

A 型运动是水母围绕其自身位置的运动，每个水母在 A 型运动中的位置更新方式为

$$\boldsymbol{X}_i(t+1) = \boldsymbol{X}_i(t) + \gamma \times \text{rand} \times (\text{ub} - \text{lb}) \tag{3.3}$$

式中，ub 和 lb 分别是搜索空间的上限和下限；γ 是运动系数，与水母位置周围的运动长度有关，$\gamma > 0$。根据数值试验中灵敏度分析的结果，得到 $\gamma = 0.1$。

在 B 型运动中，随机选择除感兴趣的水母(i)外的水母(j)，并且使用从感兴趣的水母(i)到所选择的水母(j)的矢量来确定运动方向。当所选择的水母(j)位置处的食物量超过感兴趣的水母(i)位置处的食物量时，后者向前者移动。如果所选择的水母(j)可获得的食物量低于感兴趣的水母(i)可获得的食物量，则水母(i)直接离开水母(j)。通过 B 型运动，每只水母都向着更好的方向移动，以群体的方式寻找食物，实现局部空间的有效搜索。B 型运动中水母的位置更新公式为

$$X_i(t+1) = X_i(t) + \text{step} \tag{3.4}$$

式中，运动步长 step 和运动方向 Direction 分别为

$$\text{step} = \text{rand} \times \text{Direction} \tag{3.5}$$

$$\text{Direction} = \begin{cases} X_j(t) - X_i(t), & f(X_i) > f(X_j) \\ X_i(t) - X_j(t), & f(X_j) > f(X_i) \end{cases} \tag{3.6}$$

3.2.3　时间控制函数

洋流中大量营养丰富的食物吸引了水母，随着时间的推移，越来越多的水母聚集过来，形成水母群。当温度或风改变洋流时，水母群中的水母会向另一个洋流移动，从而形成另一个水母群。在水母群中，水母的运动方式在 A 型运动与 B 型运动之间切换。引入时间控制机制来调整水母在洋流和水母群中的运动方式。

时间控制函数包括时间控制函数 $C(t)$ 和常数 C_0。$C(t)$ 是随时间从 0 到 1 波动

的随机值。当 $C(t)$ 的值大于 C_0 时,水母就跟随洋流运动;当 $C(t)$ 的值小于 C_0 时,水母在水母群内运动。C_0 被设置为 0.5,即 0 和 1 的平均值。时间控制函数的公式为

$$C(t) = \left| \left(1 - \frac{t}{\text{Max}_{\text{iter}}}\right) \times (2 \times \text{rand} - 1) \right| \tag{3.7}$$

式中,t 是迭代次数;Max_{iter} 是最大迭代次数,这是初始化的参数。

用函数 $1 - C(t)$ 控制水母在水母群内的运动。当 rand 超过 $1 - C(t)$ 时,水母表现出 A 型运动,也就是水母围绕自身位置运动;反之,水母表现出 B 型运动,也就是跟随其他比自己食物量多的水母运动。由于 $1 - C(t)$ 随时间从 0 增加到 1,rand $> 1 - C(t)$ 的概率最初超过 $1 - C(t) >$ rand 的概率,因此一开始水母进行 A 型运动的概率较大。随着时间的推移,$1 - C(t)$ 接近 1,$1 - C(t) >$ rand 的概率最终超过 rand $> 1 - C(t)$ 的概率,使得水母更倾向于进行 B 型运动。

3.2.4 种群初始化

为提高初始种群的多样性,水母算法中使用 Logistic 映射进行初始化,初始化公式为

$$\boldsymbol{X}_{i+1} = \eta \boldsymbol{X}_i (1 - \boldsymbol{X}_i), \quad 0 \leqslant \boldsymbol{X}_i \leqslant 1 \tag{3.8}$$

式中,$\boldsymbol{X}_i$ 是第 i 个水母位置的 Logistic 混沌值,$\boldsymbol{X}_0$ 是第一个水母,用它生成水母群中的其他水母位置,且 $\boldsymbol{X}_0 \in (0, 1)$,$\boldsymbol{X}_0 \notin \{0, 0.25, 0.75, 0.5, 1\}$;参数 η 设为 4.0。

3.2.5 边界条件

当水母移动到有界搜索区域之外时,它会返回到相反的边界。当超过边界条件后,水母的新位置公式为

$$\begin{cases} X'_{i,d} = (X_{i,d} - \text{ub}_d) + \text{lb}_d, & X_{i,d} > \text{ub}_d \\ X'_{i,d} = (X_{i,d} - \text{lb}_d) + \text{ub}_d, & X_{i,d} < \text{lb}_d \end{cases} \tag{3.9}$$

式中,$X_{i,d}$ 是第 i 个水母在 d 维中的位置;ub_d 和 lb_d 分别是搜索空间中第 d 维的上边界和下边界。

3.3 JS 算法步骤

JS 算法步骤如下。

① 初始化迭代次数 $t = 1$,采用 Logistic 地图初始化种群 n_{pop},计算 n_{pop} 的适应度值,设置最大迭代次数为 Max_{iter},并找到适应度值最优的水母设为 X^*。

② $i = 1$,即从第一只水母开始进行水母位置的更新。

③ 按照式(3.7)计算 $C(t)$ 值。如果 $C(t)$ 不小于 C_0,则转步骤 ④;如果 $C(t)$ 小

于 C_0 ，则转步骤 ⑤。

④ 水母跟随洋流运动，利用式（3.1）和式（3.2）更新 $X_i(t+1)$ ，然后转步骤 ⑥。

⑤ 水母跟随水母群，如果 $\text{rand} > 1 - C(t)$ ，则水母进行 A 型运动，利用式（3.3）更新 $X_i(t+1)$ ；否则水母进行 B 型运动，利用式（3.4）、式（3.5）和式（3.6）更新 $X_i(t+1)$ ，然后转步骤 ⑥。

⑥ 检查水母的位置是否超过了边界，若超过边界，则计算水母的新位置 $X_i(t+1)$ ，然后计算其适应度值。

⑦ 更新水母的位置 $X_i(t+1)$ ，同时更新当前所有水母中的最优位置 X^* 。

⑧ 如果 $i \leqslant n_{pop}$ ，说明种群中还有未更新的水母，则 $i = i+1$ ，然后转步骤 ③，否则转步骤 ⑨。

⑨ 所有水母的位置更新完成后，迭代次数 $t = t+1$ 。若达到迭代停止条件，则转步骤 ⑩；若未达到迭代停止条件则进行新一轮的迭代，转步骤 ②。

⑩ 输出种群中的全局最优个体和最优适应度值。

3.4　JS 的 MATLAB 实现

3.4.1　js 函数

下面给出 js 函数的具体程序，该函数是水母搜索算法的函数文件，包括水母跟随洋流运动和跟随水母群运动。

```
%%%%%水母搜索算法的函数文件，包括水母跟随洋流运动和跟随水母群运动%%%%%%%
function [u,fval,NumEval,fbestvl] = js(CostFunction,fnumber,Lb,Ub,nd,para);
% 输入参数分别为：CostFuntion,适应度函数；fnumber,所选测试函数的序号；nd,搜索空间的
维度；Lb,搜索空间的下限；Ub,搜索空间的上限；para,存储最大迭代次数 MaxIt 和水母数量
nPop。CostFunction 为适应度函数的句柄；fnumber 为标量；Lb 和 Ub 均为1×nd 的向量；nd 为
决策变量的维度；para 为向量
函数返回四个输出参数 u、fval、NumEval、fbestvl。u 是找到的全局最优解的位置 BestSol,fval 是
最后一代找到的最优适应度值,NumEval 是消耗的适应度评估总数量,fbestvl 中存储了水母群
在每轮迭代中找到的最优适应度值


nVar = nd;% 获取变量维度为 nVar
if length(Lb) == 1% 若下限的长度为1，即所有维度的下限值都一样，且只给了1个值
    VarMin = Lb.*ones(1,nd);% 用 ones 函数生成1×nd 的向量，再点乘 Lb,扩展出所有维度
```

的下限值,存放到 Var Min 中

　　VarMax = Ub. * ones(1,nd);% 用 ones 函数生成 1×nd 的向量,再点乘 Ub,扩展出所有维度的上限值,存放到 Var Max 中

else

　　VarMin = Lb;% 如果上限本身为多维则不需要扩展维度,按照向量保存到 VarMin 中

　　VarMax = Ub;% 如果下限本身为多维则不需要扩展维度,按照向量保存到 VarMax 中

end

MaxIt = para(1);% 迭代次数为标量 MaxIt

nPop = para(2);% 水母数量为标量 nPop

popi = initialization(nPop,nd,VarMax,VarMin);% 调用 initialization 函数,得到初始化水母位置保存在 popi 中

for i = 1:nPop

　　pop Cost(i) = CostFunction(popi(i,:),fnumber);% 调用 CostFunction 函数计算初始化的水母的适应度值,popi 为每个水母的位置,fnumber 为函数的序号

end

%%%%%%%%%%%%%% 水母跟随洋流和跟随水母群程序 %%%%%%%%%%%%%%

for it = 1:MaxIt

　　Meanvl = mean(popi,1);% 使用 mean 函数求出 popi 每一列的平均值,Meanvl 为所有水母位置的平均值

　　[value,index] = sort(popCost);% 使用 sort 函数将所有水母的适应度值 popCost 从小到大排序,将排序后的适应度值存入 value 中,对应的索引值存入 index 中

　　BestSol = popi(index(1),:);% 将最优适应度值所对应的水母的位置定为 BestSol

　　BestCost = popCost(index(1));% 将 popCost 中最优适应度值定为全局最优值 BestCost

　　for i = 1:nPop

　　　　% 定义时间控制机制

　　　　Ar = (1 − it * ((1)/MaxIt)) * (2 * rand − 1);% 根据式(3.7)求出时间控制参数 Ar

　　% 时间控制机制大于等于 0.5,水母跟随洋流运动

　　　　if abs(Ar) >= 0.5

　　　　　　newsol = popi(i) + rand([1 nVar]). * (BestSol − 3 * rand * Meanvl);% 水母跟随洋流运动,根据式(3.1)和式(3.2)计算跟随洋流运动的每个水母的新位置

　　　　　　newsol = simplebounds(newsol,VarMin,VarMax);% 调用 simplebounds 函数,检查每个水母的新位置是否在决策变量范围之内,不能超过 VarMax,不能小于 VarMin

　　　　　　newsolCost = CostFunction(newsol,fnumber);% 调用 CostFunction 函数计算水母新位置的适应度值,存入 newsolCost 中

if newsolCost < popCost(i)% 比较水母新位置和旧位置的适应度值,如果新位置的适应度值小于旧位置的适应度值,执行以下操作

　　　　popi(i,:) = newsol; % 将水母的位置 popi 替换为 newsol

　　　　popCost(i) = newsolCost; % 将水母的适应度值 popCost 替换为 newsolCost

　　　　if popCost(i) < BestCost% 如果水母新位置的适应度值优于全局最优值 BestCost,执行以下操作

　　　　　　BestCost = popCost(i); % 将 BestCost 替换为水母适应度值 popCost

　　　　　　BestSol = popi(i,:); % 将 BestSol 替换为水母的位置 popi

　　　　　　end

　　　　end

　　else

% 时间控制机制小于 0.5,水母跟随水母群移动

　　　　if rand <= (1 - Ar)% 如果 rand 不超过 1 - Ar,则水母进行 B 型运动

　　　　　　j = i; % 先将 j 设为 i

　　　　　　while j == i% 如果 j = i 则循环,直到 j 不等于 i

　　　　　　　　j = randperm(nPop,1); % 用 randperm 函数,在 1 到 nPop 之间随机选择的 1 个整数赋值给 j,为了选择一个除 i 外的水母 j

　　　　　　end

　　　　　　Step = popi(i,:) - popi(j,:); % 先假定步长 Step 为第 i 只水母的位置减去第 j 只水母的位置,Step 为 $1 \times nd$ 维向量

　　　　　　if popCost(j) < popCost(i)% 比较第 i 只水母和第 j 只水母适应度值的大小

　　　　　　　　Step = -Step; % 如果第 j 只水母的适应度值更优则将 step 改变为相反的方向,让第 i 只水母更靠近第 j 只水母

　　　　　　end

　　　　　　newsol = popi(i,:) + rand([1 nVar]). * Step; % 按照式(3.4)计算每个 B 型运动的水母新位置

　　　else

　　　　　　newsol = popi(i,:) + 0.1 * (VarMax - VarMin) * rand; % 按照式(3.3)计算每个 A 型运动的水母新位置

　　　　　　end

newsol = simplebounds(newsol, VarMin, VarMax); % 调用 simplebounds 函数,判断每个水母的新位置是否在决策变量范围之内,不能超过 VarMax,不能小于 VarMin

　　　　newsolCost = CostFunction(newsol,fnumber); % 调用 CostFunction 函数计算水母新位置的适应度值,存入 newsolCost 中

　　　　if newsolCost < popCost(i) % 比较水母新位置和旧位置的适应度值,如果新位置

的适应度值小于旧位置的适应度值,执行以下操作

$\qquad$ popi(i,:) = newsol;％将水母的位置 popi 替换为 newsol

$\qquad$ popCost(i) = newsolCost;％将水母的适应度值 popCost 替换为 newsolCost

$\qquad$ if popCost(i) < BestCost％ 如果水母新位置的适应度值优于全局最优

值 BestCost

$\qquad\qquad$ BestCost = popCost(i);％ 将 BestCost 替换为水母适应度值 popCost

$\qquad\qquad$ BestSol = popi(i,:);％ 将 BestSol 替换为水母的位置 popi

$\qquad\qquad$ end

$\qquad\qquad$ end

$\qquad$ end

$\quad$ end

$\qquad$ fbestvl(it) = BestCost;％ 将每一代最优的适应度值 BestCost 存入 fbestvl(it) 中

$\qquad$ if it >= 2000 ％ 如果超出规定迭代次数 2000,则算法停止

$\qquad$ if abs(fbestvl(it)−fbestvl(it−100)) < 1e−350％ 若某次迭代找到的全局最优值与距

此 100 次迭代前找到的全局最优值相差较小,则认为算法已经收敛,跳出循环停止迭代

$\qquad\qquad$ break;％ 跳出循环

$\qquad$ end

$\quad$ end

end

u = BestSol;％ 将找到的最优的位置 BestSol 存入 u 中

fval = fbestvl(it);％ 将最后一代找到的最优适应度值 fbestvl(it) 存入 fval 中

NumEval = it * n Pop;％ 记录消耗的适应度评估总数量存入 NumEval

end

3.4.2　simplebounds 函数

$\quad$下面给出 simplebounds 函数的具体程序,该程序是调整水母位置边界的函数,保证每个水母的位置不会超出边界。

function s = (s,Lb,Ub)

％ 此函数使每个水母的位置不超过边界。s 是水母的位置;Lb 是搜索空间的下限;Ub 是搜索空间的上限。输出参数 s 为水母调整后的位置

s 为 1×nd 维向量;Lb 和 Ub 均为 1×nd 维向量,nd 为决策变量的维度

％％％％％％％％ 首先考虑水母位置是否超过了下界 ％％％％％％％％％％％

ns_tmp = s;％ 将水母位置 s 赋值给 ns_tmp,ns_tmp 为 1×nd 维向量

I = ns_tmp < Lb;％ 判断水母的位置 ns_tmp 中的每一维是否超过了下边界,如果超过了下边

界,则 I 中相应的维度取值为 1,I 为 1×nd 维向量

while sum(I)～=0% 如果求出 I 的总和不等于 0,则水母的位置中存在某一维超过了下边界,于是进入循环,直到水母的位置的每一维都在边界中
　　ns_tmp(I) = Ub(I) + (ns_tmp(I) − Lb(I));% 利用上下边界将水母的位置进行重设
　　I = ns_tmp < Lb;% 比较更新后的 ns_tmp 与 Lb,比较结果存入 I 中,再进行循环判断
end

%%%%%%%% 然后考虑水母位置是否超过了上界 %%%%%%%%%%%%

J = ns_tmp > Ub;% 判断水母的位置 ns_tmp 中的每一维是否超过了上边界,如果超过了上边界,则 I 中相应的维度取值为 1,J 为 1×nd 维向量
while sum(J)～=0% 如果求出 J 的总和不等于 0,则水母的位置中存在某一维超过了上边界,因此进入循环,直到水母的位置的每一维都在边界中
　　ns_tmp(J) = Lb(J) + (ns_tmp(J) − Ub(J));% 利用上下边界将水母的位置进行重设
　　J = ns_tmp > Ub;% 比较更新后的 ns_tmp 与 Ub,比较结果存入 J 中,再进行循环判断
end
s = ns_tmp;% 将重新调整好的水母的位置 ns_tmp 赋值给 s,s 为 1×nd 维向量
end

3.4.3　initialization 函数

下面给出 initialization 函数的具体程序,该程序为水母搜索算法的初始化函数,生成初始种群。
%%%%%%%% 水母搜索算法的初始化 %%%%%%%%%%%%%%%%%%%%%
function pop = initialization(num_pop,nd,Ub,Lb)
% 输入参数分别为:num_pop,水母数量;nd,搜索空间的维度;Ub,搜索空间的上限;Lb,搜索空间的下限。输出参数为 pop,表示初始化后生成的水母群
num_pop 是标量;nd 是标量;Ub 和 Lb 均为 1×nd 维向量,nd 为决策变量的维度

if size(Lb,2) == 1% 若下限的列数为 1
　　Lb = Lb * ones(1,nd);% 用 ones 函数生成 1×nd 的向量,与 Lb 相乘将下限变为 nd 维
　　Ub = Ub * ones(1,nd);% 用 ones 函数生成 1×nd 的向量,与 Ub 相乘将上限变为 nd 维
end
x(1,:) = rand(1,nd);% 使用函数 rand 生成(0,1)范围内的 1×nd 的随机向量作为第一个水母的初始位置

```
a = 4;%logistic 地图中的 η,设为 4.0
for i = 1:(num_pop − 1)
    x(i+1,:) = a * x(i,:). * (1 − x(i,:));% 按式(3.8)使用混沌地图生成每个水母的位置
    end
for k = 1:nd
    for i = 1:num_pop
        pop(i,k) = Lb(k) + x(i,k) * (Ub(k) − Lb(k));% 将每个水母的位置调整到决策变量
的范围内
    end
end
end
```

3.4.4　fobj 函数

下面给出 fobj 函数的具体程序,该函数用于计算目标函数的值。

```
function y = fobj(x,fnumber)
% x 为水母的位置,fnumber 为目标函数的序号,输出变量 y 是目标函数的适应度值
x 为 1×nd 维向量,nd 为决策变量的维度;fnumber 为标量
switch fnumber
    case 1
        y = 25 + sum(round(x));% 目标函数的公式
    case 2
        ……
end
```

3.4.5　boundcondition 函数

下面给出 boundcondition 函数的具体程序,该函数包含各个目标函数的搜索空间边界的取值范围。

```
function [Lb Ub nd] = boundcondition(funnum)
%funnum 表示不同函数的边界值的序号。函数返回三个输出变量:Lb,搜索空间的下限;Ub,
搜索空间的上限;nd,搜索空间的维度
switch funnum
    case 1
        Lb = −5.12;% 下边界为 −5.12
        Ub = 5.12;% 上边界为 5.12
        nd = 5;% 维度为 5
    case 2
```

```
        ......
end
end
```

3.4.6　调用 js 函数

该脚本为主程序,设置水母数量、最大迭代次数等,并调用水母搜索算法的 js 函数。

```
clear all
clc
fnumber = 1;                    % 选择函数序号
[lb ub dim] = boundcondition(fnumber);    % 设置边界参数
Npop = 50;                      % 设置水母的数量
Max_iteration = 10000;    % 设置迭代次数
para = [Max_iteration Npop];% 将迭代次数和水母数量分别作为向量的元素存入向量 para
tic;% 记录水母搜索算法的开始时间
[u,fval,NumEval,fbestvl] = js(@fobj,fnumber,lb,ub,dim,para);% 调用水母搜索算法求解
测试函数
time = toc;% 记录水母搜索算法的完成时间
%%%%%%%%%%%%%%% 展示算法结果
%%%%%%%%%%%%%%%%%%%%%%%%%%%%
display(['——————————————————————————————————']);
display(['  Jellyfish Search Optimizer (JS) for mathematical benchmark problems      ']);
display(['——————————————————————————————————']);
display(['The best solution obtained by JS is : ', num2str(u)]);% 显示水母搜索到的最好的
位置
display(['The best optimal value of the objective function found by JS is : ', num2str(fval)]);
% 水母搜索到最优的适应度值
display(['The time taken by JS optimizer is : ', num2str(time)]);% 水母搜索算法完成所需
要的时间

%% 保存结果
save('result.mat','time','u','fval','NumEval','fbestvl');% 将时间 time,水母的位置 u,适应
度值 fval,整个算法消耗的适应度评估次数 NumEval,每一代找到的最优适应度值 fbestvl 保存
到 result.mat 文件中
end
```

第4章　多目标水母搜索算法

4.1　多目标优化问题的相关概念

以最小化问题为例，多目标优化问题（multi-objective optimization problem，MOP）的数学模型可以描述为

$$\min F(\boldsymbol{X}) = [f_1(\boldsymbol{X}), f_2(\boldsymbol{X}), f_3(\boldsymbol{X}), \cdots, f_m(\boldsymbol{X})], \quad \boldsymbol{X} \in \boldsymbol{\Omega}^n \qquad (4.1)$$

其中，$\boldsymbol{X} = [x_1, x_2, \cdots, x_n]$ 为问题的决策变量；$\boldsymbol{\Omega}^n$ 为可行解取值空间，n 为决策变量的维度；$f_i(\boldsymbol{X})$ 为第 i 个目标函数；m 为目标函数的个数。

关于 MOP 的 Pareto 最优定义如下。

（1）Pareto 支配。

对于任意的两个可行解 $\boldsymbol{X}_a$、$\boldsymbol{X}_b \in \boldsymbol{\Omega}^n$，当且仅当

$$(\forall i \in [1, m], \quad f_i(\boldsymbol{X}_a) \leqslant f_i(\boldsymbol{X}_b)) \wedge (\exists j \in [1, m], \quad f_j(\boldsymbol{X}_a) < f_j(\boldsymbol{X}_b))$$

$$(4.2)$$

则称 $\boldsymbol{X}_a$ 支配 $\boldsymbol{X}_b$，记为 $\boldsymbol{X}_a \succ \boldsymbol{X}_b$。

（2）Pareto 最优解。

对于任意 $\boldsymbol{X}' \in \boldsymbol{\Omega}^n$ 为问题的可行解，当且仅当

$$\neg \exists \boldsymbol{X} \in \boldsymbol{\Omega}^n, \quad \boldsymbol{X} \prec \boldsymbol{X}' \qquad (4.3)$$

则称 $\boldsymbol{X}'$ 为 Pareto 最优解。

（3）Pareto 最优解集。

对给定的 MOP，Pareto 最优解集可以定义为

$$P^* = \{\boldsymbol{X} \in \boldsymbol{\Omega}^n \mid \neg \exists \boldsymbol{X}' \in \boldsymbol{\Omega}^n, \boldsymbol{X}' \prec \boldsymbol{X}\} \qquad (4.4)$$

（4）Pareto 前沿。

由 P^* 的定义可以将 Pareto 前沿（Pareto front，PF）定义为

$$\mathrm{PF} = \{F(\boldsymbol{X}) \mid \boldsymbol{X} \in P^*\} \qquad (4.5)$$

4.2　基本思想

2020 年，Chou 和 Truong 在 JS 算法的基础上提出了多目标水母搜索（multi-objective jellyfish search，MOJS）算法，用于解决多目标优化问题。MOJS 在 JS 的基础上增加了三个主要部分：增加外部档案集以保存 Pareto 非支配解；采用拥挤距离和轮盘赌算法对存储 Pareto 非支配解的档案集进行有效管理；将

莱维飞行(Lévy flight)、精英种群和反向学习策略引入到 MOJS 中,避免了算法在大量局部最优解的情况下过早收敛。

4.2.1 精英种群和外部档案集

为保存水母群每次迭代找到的非支配解,首先建立精英种群,保存每个水母在每次迭代后找到的历史最优解,每个历史最优解称为精英成员 $EL\_X_i(t)$。然后,在每次迭代之后,精英种群中的精英成员 $EL\_X_i(t)$ 将用于更新外部档案集。

(1)精英种群的建立与维护。

在水母更新过程中,先计算出本次迭代获得的可行解 $X_{i+1}(t)$,然后将其与水母当前精英种群中的历史最优解 $EL\_X_i(t)$ 进行比较。如果可行解 $X_{i+1}(t)$ 支配历史最优解 $EL\_X_i(t)$,则将可行解 $X_{i+1}(t)$ 替换水母在精英种群中的历史最优解 $EL\_X_i(t)$,否则精英种群中的历史最优解 $EL\_X_i(t)$ 保持不变。

(2)外部档案集的建立与维护。

水母群每次迭代都会产生新的精英种群,精英种群中互不支配的精英成员会进入外部档案集中,与档案集中的 Pareto 非支配解进行比较。如果一个新产生的精英成员被档案集中至少一个 Pareto 非支配解支配,则该精英成员将不能进入档案集。如果一个新产生的精英成员可以支配档案集中的一些 Pareto 非支配解,那么档案集中的这些 Pareto 非支配解都将从档案集中删除,该精英成员将进入档案集;如果一个新产生的精英成员不被档案集中所有 Pareto 非支配解支配,则将其添加到档案集中。

水母群每迭代一次,外部档案集就要更新一次。由于档案集的存储量有限,因此在更新档案集的过程中可能会发生溢出。当发生溢出时,需要删除部分 Pareto 非支配解,以在档案集中容纳新的非支配解。使用拥挤距离删除多余 Pareto 非支配解,拥挤距离较小的 Pareto 非支配解被删除。具体如下:在每一个目标函数上,将外部档案集的 Pareto 非支配解按升序进行排序,假设在第 m 个目标函数上,最大的目标函数值为 f_m^{max},最小的目标函数值为 f_m^{min},计算第 $i-1$ 个非支配解和第 $i+1$ 个非支配解在第 m 个目标函数上的差值,并将该差值进行归一化,按照

$$\text{dist}_m[i] = \frac{f_m[i+1] - f_m[i-1]}{f_m^{max} - f_m^{min}} \tag{4.6}$$

计算得出第 i 个 Pareto 非支配解在第 m 个目标函数上的拥挤距离 $\text{dist}_m[i]$。第一个 Pareto 非支配解和最后一个 Pareto 非支配解的拥挤距离设为无穷大。遍历每个目标函数。重复上述过程,将第 i 个 Pareto 非支配解在所有目标函数上进行归一化后的拥挤距离相加,得到该 Pareto 非支配解的拥挤距离 $\text{dist}[i]$,相加过程为

$$\text{dist}\,[i] = \sum_1^M \text{dist}_m\,[i] \tag{4.7}$$

式中，M 为目标函数个数；f_m 为第 m 个目标函数的目标值。

4.2.2 精英选择

全局最优解的选择过程被定义为精英选择。在每次迭代中，先根据外部档案集的 Pareto 非支配解的目标函数取值，将目标空间用网格等分成若干个小网格，根据每个网格中 Pareto 非支配解的分布情况，可以计算每个网格被选择的概率。精英选择应该选出 Pareto 非支配解分布相对分散的网格里的非支配解作为全局最优解。每个小网格被选中的概率定义为 P_i，有

$$P_i = \frac{C}{N_i} \tag{4.8}$$

式中，C 是大于 1 的正常数（C 被设置为 10）；N_i 是在第 i 个小网格中获得的 Pareto 非支配解的数量。网格的 P_i 值越大，表示该小网格中 Pareto 非支配解越少，则此小网格中的任意一个 Pareto 非支配解作为全局最优解的概率越大。如果某一小网格中没有 Pareto 非支配解，则 P_i 等于 0。

使用轮盘赌算法来选择概率值 P_i 较大的小网格。其中，轮盘赌的适应度值为 P_i，概率值 P_i 越大，则对应的小网格越容易被选中，然后在经过轮盘赌选中的小网格中随机选择一个 Pareto 非支配解作为全局最优解。

4.2.3 洋流运动

水母 X_i 跟随洋流移动时，根据

$$\text{trend} = X^*(t) - 3 \times \text{rand} \times \frac{\sum \text{EL\_X}}{n_{\text{pop}}} \tag{4.9}$$

$$X_i(t+1) = \text{EL\_}X_i(t) + \text{trend} \otimes \text{Lévy}(s) \tag{4.10}$$

在 $t+1$ 时刻生成新的可行解 $X_i(t+1)$，从而加速水母 X_i 的搜索。式（4.9）和式（4.10）中，$\text{EL\_}X_i(t)$ 是水母 X_i 在 t 时刻对应的精英成员的位置；$\sum \text{EL\_X}$ 是精英种群中所有精英成员位置的总和；n_{pop} 是水母的总数量；$\otimes$ 是逐项乘法；$X^*(t)$ 是在外部档案集中找出的全局最优解的位置；$\text{Lévy}(s)$ 是采用莱维飞行获得的步长值。

4.2.4 水母群运动

水母在水母群内移动，表现出 A 型运动和 B 型运动。在这些运动中，水母刚开始会进行 A 型运动。水母 X_i 在 $t+1$ 时刻进行 A 型运动生成新的可行解 $X_i(t+$

1),即

$$X_i(t+1) = X^*(t) + (EL\_X_i(t) - X^*(t)) \otimes \text{Lévy}(s) \qquad (4.11)$$

式中,$X^*(t)$ 是在 t 时刻从外部档案集中选择的全局最优解的位置;$EL\_X_i(t)$ 是水母 X_i 在 t 时刻对应的精英成员的位置;$\otimes$ 是逐项乘法;$\text{Lévy}(s)$ 是采用莱维飞行获得的步长值。

随着时间的推移,水母越来越多地表现出 B 型运动。在 B 型运动中,随机选择除感兴趣的精英成员水母 X_i 外的精英成员水母 X_j,并且使用从感兴趣的精英成员水母 X_i 到所选择的精英成员水母 X_j 的矢量来确定运动方向。当所选择的精英成员水母 X_j 位置处的食物量超过感兴趣的精英成员水母 X_i 位置处的食物量时,后者向前者移动;当所选择的精英成员水母 X_j 可获得的食物量低于感兴趣的精英成员水母 X_i 可获得的食物量时,则精英成员水母 X_i 直接离开精英成员水母 X_j。通过 B 型运动,每只水母 X_i 都朝着更好的方向移动,以群体的方式寻找食物,实现局部空间的有效搜索。B 型运动中水母 X_i 在 $t+1$ 时刻的位置更新公式为

$$X_i(t+1) = X^*(t) + \text{step} \qquad (4.12)$$

式中,$X^*(t)$ 是在从外部档案集中选择的全局最优解的位置。运动步长 step 和运动方向 Direction 计算公式分别为

$$\text{step} = \text{rand} \times \text{Direction} \qquad (4.13)$$

$$\text{Direction} = \begin{cases} EL\_X_j(t) - EL\_X_i(t), & f(EL\_X_i(t)) > f(EL\_X_j(t)) \\ EL\_X_i(t) - EL\_X_j(t), & f(EL\_X_j(t)) > f(EL\_X_i(t)) \end{cases}$$

$$(4.14)$$

式中,$EL\_X_i(t)$ 是水母 X_i 在 t 时刻对应的精英成员的位置;$EL\_X_j(t)$ 是水母 X_j 在 t 时刻对应的精英成员的位置。

4.2.5　种群初始化

水母的种群通常是随机初始化的。但为提高该算法初始种群的多样性,初始化使用 Logistic 映射,有

$$X_{i+1} = \eta X_i(1 - X_i), \quad 0 \leqslant X_i \leqslant 1 \qquad (4.15)$$

式中,X_i 是第 i 个水母位置的 Logistic 混沌值。用 X_0 生成水母的初始位置,$X_0 \in (0,1)$,$X_0 \notin \{0, 0.25, 0.75, 0.5, 1\}$,且参数 η 设定为 4.0。

4.2.6　反向学习策略

反向学习策略的过程为:如果满足跳跃条件 $\text{rand} < \dfrac{t}{\text{Max}_{\text{iter}}}$,则计算水母 X_i 相应的反向位置 X_i' 作为水母 X_i 的新位置,即

$$X'_i(t) = (\mathrm{ub}_i + \mathrm{lb}_i) - X_i(t) \tag{4.16}$$

式中，ub_i 是第 i 个水母在目标空间中的上界；lb_i 是第 i 个水母在目标空间中的下界。

4.2.7　莱维飞行

在莱维飞行中，每次跳跃，无论大小，都需要一个时间单位。研究表明，许多飞行动物和昆虫的行为可以被描述为莱维飞行。莱维飞行中的方向是均匀分布的，并且使用 Mantegna 算法来提供稳定且对称的莱维分布。Mantegna 算法中的步长 s 为

$$\text{Lévy}(s) \sim s = \frac{u}{|v|^{\frac{1}{\tau}}}, \quad 0 < \tau \leqslant 2 \tag{4.17}$$

式中，u 和 v 是正态分布，$u \sim N(0, \sigma_u^2)$，$v \sim N(0, \sigma_v^2)$，有

$$\sigma_u = \left\{ \frac{\Gamma(1+\tau)\sin\left(\dfrac{\pi\tau}{2}\right)}{\Gamma\left[\dfrac{1+\tau}{2}\right]\tau 2^{\left(\frac{\tau-1}{2}\right)}} \right\}^{\frac{1}{\tau}}, \sigma_v = 1, \tau = 1.5 \tag{4.18}$$

其中，$\Gamma(Z)$ 是 Gamma 函数，$\Gamma(Z) = \displaystyle\int_0^\infty t^{z-1}\,\mathrm{e}^{-t}\mathrm{d}t$。

4.3　MOJS 算法步骤

MOJS 算法步骤如下。

① 初始化迭代次数 $t = 1$，采用 Logistic 地图初始化种群 n_{pop}，计算 n_{pop} 的适应度，设置最大迭代次数为 $\mathrm{Max}_{\mathrm{iter}}$，定义档案中存放非支配解的数量，通过初始化种群来初始化精英种群，通过精英种群中的非支配解来初始化外部档案集种群，并找到全局最优解的位置设为 X^*。

② $i = 1$，从第一只水母开始更新水母位置。

③ 计算 $C(t)$ 值，如果 $C(t)$ 不小于 C_0，则转步骤 ④；如果 $C(t)$ 小于 C_0，则转步骤 ⑤。

④ 水母跟随洋流运动，利用式（4.9）和式（4.10）更新 $X_i(t+1)$，然后转步骤 ⑥。

⑤ 水母跟随水母群，如果 $\mathrm{rand} > 1 - C(t)$，则水母进行 A 型运动，利用式（4.11）更新 $X_i(t+1)$；否则，水母进行 B 型运动，利用式（4.12）、式（4.13）和式（4.14）更新 $X_i(t+1)$，然后转步骤 ⑥。

⑥ 如果 $i \leqslant n_{\mathrm{pop}}$，说明种群中还有未更新的水母，则 $i = i + 1$，然后转步骤 ③，否

则转步骤 ⑦。

⑦ 所有水母的位置更新完成后,判断 rand 是否小于 $\dfrac{t}{\text{Max}_{\text{iter}}}$。如果是,则使用反向学习策略对水母的位置进行更新,然后计算每个水母的目标函数值,根据新位置的函数值更新精英种群,从精英种群中更新外部档案集;否则,直接计算每个水母的目标函数值,根据新位置的函数值更新精英种群,从精英种群中更新外部档案集。

⑧ 判断外部档案集种群数量是否大于档案存放数量,如果外部档案集种群数量大于档案存放数量,则删除档案中多余的非支配解,然后更新迭代次数 $t=t+1$,若达到迭代停止条件则转步骤 ⑨,若未达到迭代停止条件则进行新一轮的迭代,转步骤 ②;如果外部档案集种群数量不大于档案存放数量,则直接更新迭代次数 $t=t+1$,然后判断是否达到迭代停止条件,若是则转步骤 ⑨,若不是则进行新一轮的迭代,转步骤 ②。

⑨ 输出 Pareto 前沿。

4.4 MOJS 的 MATLAB 实现

4.4.1 MOJS 函数

下面给出 MOJS 函数的具体程序,该函数为多目标水母搜索算法的主函数。

```
function ARCH = MOJS(params,MultiObj)
% 多目标水母搜索算法,输入结构体 params 和 MultiObj,输出结构体 ARCH,ARCH 用来存放
外部档案集中的 Parato 前沿
Np      = params. Np;% 将结构体 params 中的种群数量 Np 赋值给 Np
Nr      = params. Nr;% 将结构体 params 中的档案非支配解数量 Nr 赋值给 Nr
MaxIt   = params. maxiter;% 将结构体 params 中的最大迭代次数 maxiter 赋值给 MaxIt
ngrid   = params. ngrid;% 将结构体 params 中的网格数 ngrid 赋值给 ngrid
fun     = MultiObj. fun;% 将结构体 MultiObj 中的句柄 fun 赋值给 fun
nvar    = MultiObj. nVar;% 将结构体 MultiObj 中的变量的个数 nVar 赋值给 nvar
var_min = MultiObj. var_min(:);% 将结构体 MultiObj 中的最小范围 var_min 赋值
给 var_min
var_max = MultiObj. var_max(:);% 将结构体 MultiObj 中的最大范围 var_max 赋值
给 var_max
it = 1;% 初始迭代次数设为 1
POS = initialchaos(Np,nVar,var_max',var_min');% 调用 initialchaos 函数,生成 Np 行 nVar 列
的初始矩阵赋值给 POS,作为初始化水母的位置
```

for i = 1:Np

　　POS_fit(i,:)　　= fun(POS(i,:));% 调用 fun 中的函数计算初始化水母位置的目标函数值,存入矩阵 POS_fit 中

end

ELI_POS　　= POS;% 将 Np 行 nVar 列的矩阵 POS,存入初始化的精英种群 ELI_POS 中,作为精英种群的初始值

ELI_POS_fit　　= POS_fit;% 将初始化水母的适应度值 POS_fit 存入 ELI_POS_fit 中,作为精英种群的适应度初始值

DOMINATED　　= checkDomination(POS_fit);% 调用 checkDomination 函数对初始水母的适应度 POS_fit 进行非支配关系判断,输出结果为 Np×1 维的向量,其中 0 表示对应解为非支配解,1 表示对应解为支配解

ARCH. pos　　= POS(~DOMINATED,:);% 将 Np×1 维的向量 DOMINATED 中数值为 0 所对应的 POS 值存入结构体 ARCH 的变量 pos 中,ARCH 为外部档案集

ARCH. pos_fit　　= POS_fit(~DOMINATED,:);% 将 Np×1 维的向量 DOMINATED 中数值为 0 所对应的 POS_fit 值存入结构体 ARCH 的变量 pos_fit 中

ARCH = updateGrid(ARCH,ngrid);% 调用 updateGrid 函数,将 ARCH 中的非支配解进行网格划分,可以得到每个小网格被选择的概率值 P_i,存储在 ARCH. quality 的第二列中

display(['Iteration #0 - Archive size:' num2str(size(ARCH. pos,1))]);% 输出外部档案集中的非支配解个数

% MOJS 主循环

stopCondition = false;% 终止条件初始为 0,赋值给 stopCondition

while ~stopCondition% 当 stopCondition = 0 时,进入循环;当 stopCondition = 1 时,不再进入循环

% 选择 leader

　　h = selectLeader(ARCH);% 调用 selectLeader 函数,从非支配解数量少的网格中随机选择一个非支配解成为全局最优解,并将得到的全局最优解在 ARCH 中所对应位置的序号赋给 h

　　% 计算时间控制机制

　　Ct = abs((1-it*((1)/MaxIt))*(2*rand-1));% 计算时间控制机制,如果 Ct>=0.5,则 Np 只水母跟随洋流运动;如果 Ct<0.5,则 Np 只水母跟随水母群运动

　　if Ct >= 0.5% 水母跟随洋流运动

　　　　Meanvl = mean(ELI_POS);% 用 mean 函数求出每一代精英种群中精英成员的位置平均值,赋值给 Meanvl

　　　　for i = 1:Np% 从第一只水母开始,一共 Np 只水母都将根据式(4.9)和式(4.10)所示的洋流运动公式更新位置

　　　　　　POS(i,:) = ELI_POS(i,:) + Levy(nVar). *(ARCH. pos(h,:) - 3*rand([1 nVar]). *Meanvl);

% 向量 ELI_POS(i,:) 表示第 i 个精英成员的位置,Levy 表示经过莱维飞行产生的步长值,是 1×nVar 维的向量,ARCH. pos(h,:) 表示全局最优解的位置,输出向量 POS(i,:) 表示第 i 只水母的新位置

   end

  else% 水母跟随水母群运动

   for i = 1:Np% 从第一只水母开始,一共 Np 只水母都将根据水母群运动公式更新位置

    if rand < (1−Ct)% 如果 rand < (1−Ct) 则 1 到 Np 只水母为 B 型运动

     j = i;% 先令 j = i

      while j == i% 如果 j = i 则循环,直到 j 不等于 i,跳出循环,此时选择了一个除 i 外的水母

       j = randperm(Np,1);% 用 randperm 函数,在 1 到 nPop 之间随机选择的 1 个整数赋值给 j

      end

  %% 判断第 i 只水母和第 j 只水母的支配关系,从而确定 Step

     Step = ELI_POS(i,:) − ELI_POS(j,:);% 先假定步长 Step 为第 i 只精英成员水母的位置减去第 j 只精英成员水母的位置,Step 为 1×nVar 维向量

     if dominates(ELI_POS_fit(j,:),ELI_POS_fit(i,:))% 调用 dominates 函数,比较第 i 只水母和第 j 只水母目标函数值的大小,返回值为 1 说明第 j 只水母支配第 i 只水母

      Step = −Step;% 如果第 j 只精英成员水母的目标函数值更优,则将 Step 改变为相反的方向,让第 i 只精英成员水母更靠近第 j 只精英成员水母,即式(4.14)

     end

     POS(i,:) = ARCH. pos(h,:) + rand([1 nVar]). ∗ Step;% 按照水母 B 型运动的位置更新式(4.12)进行计算,ARCH. pos(h,:) 表示全局最优解在目标空间中的位置,rand([1 nVar]) 表示随机产生一个数值在 0 到 1 之间的 1×nVar 维的向量,将此向量和 1×nVar 维向量 Step 点乘,输出向量 POS(i,:) 表示第 i 只水母的新位置

    else% 如果 rand >= (1−Ct) 则 1 到 Np 只水母为 A 型运动

     POS(i,:) = ARCH. pos(h,:) + Levy(nVar). ∗ (ELI_POS(i,:) − ARCH. pos(h,:));% 按照水母 A 型运动的位置更新式(4.11)进行计算,向量 ELI_POS(i:) 表示第 i 个精英成员的位置,Levy 表示经过莱维飞行产生的 1×nVar 维的向量,将 Levy 的每一维分别与后面的向量点乘,ARCH. pos(h,:) 表示全局最优解在目标空间中的位置,输出向量 POS(i,:) 表示第 i 只水母的新位置

    end

   end

  end

 %% 反向学习策略

 If rand < (it/MaxIt)% 如果 rand < (it/MaxIt),则 Np 只水母进行反向学习策略产生新的

位置

　　　[POS] = OPPOS(POS,var_max,var_min);% 调用 OPPOS 函数进行反向学习,输入所有水母的位置 POS、最小范围 var_min 和最大范围 var_max,输出的 POS 为水母的重新赋值的位置

end

% 随机选择边界调整方式

if　rand >= 0.5% 如果 rand >= 0.5,则调用 checksimplebounds 函数进行边界条件的处理

　　　POS = checksimplebounds(POS,var_min,var_max);% 调用 checksimplebounds 函数将超过边界值的水母重新调整位置,输入所有水母的位置 POS、最小范围 var_min 和最大范围 var_max,输出的 POS 为水母调整后的位置

　else% 如果 rand < 0.5,则调用 checkBoundaries 函数进行边界条件的处理

POS = checkBoundaries(POS,var_max,var_min);% 调用 checkBoundaries 函数,将超过边界值的水母位置设置为边界值,从而保证每个水母的位置在决策变量范围之内,输入所有水母的位置 POS、最小范围 var_min 和最大范围 var_max,输出的 POS 为水母调整后的新位置

　end

for i = 1:Np

　　　POS_fit(i,:)　 = fun(POS(i,:));% 将水母的位置进行调整以后,调用 fun 中的函数计算每个水母的目标函数值,更新矩阵 POS_fit

　end

%% 更新 ELI_POS 的最优解

　　　pos_best = dominates(POS_fit, ELI_POS_fit);% 调用 dominates 函数,将每只水母新一次迭代产生的新解的目标函数值 POS_fit 与上一次迭代产生的精英种群中精英成员的目标函数值 ELI_POS_fit 进行比较,如果第 i 只水母的每一个目标函数值 POS_fit 都优于第 i 只水母所对应的精英成员的每一个目标函数值 ELI_POS_fit,即第 i 只水母的 POS_fit 支配 ELI_POS_fit,则第 i 只水母的 pos_best 为 1,否则表示互不支配或第 i 只水母的 ELI_POS_fit 支配 POS_fit,则 pos_best 值为 0。Np 只水母的 POS_fit 和 ELI_POS_fit 都将进行比较,输出 pos_best 为 Np×1 维的向量

　　　best_pos = ～ dominates(ELI_POS_fit, POS_fit);% 再次调用 dominates 函数,将 ELI_POS_fit 与 POS_fit 的位置交换,目的是明确 pos_best 中为 0 的是哪种情况,是 ELI_POS_fit 和 POS_fit 互不支配,还是第 i 只水母的 ELI_POS_fit 支配 POS_fit?

如果第 i 只水母的 POS_fit 和 ELI_POS_fit 互不支配,或者第 i 只水母的 POS_fit 支配 ELI_POS_fit,best_pos 为 1;如果第 i 只水母的 ELI_POS_fit 支配 POS_fit,best_pos 为 0。输出 best_pos 为 Np×1 维的向量

best_pos(rand(Np,1)>=0.5)=0;％ 随机产生一个数值在 0 到 1 之间的 Np×1 维向量,向量中不小于 0.5 的值的行列数所对应的 best_pos 中的位置里的数值将变为 0,这样可以保证算法一定的随机性

　　if （sum(pos_best)>1)％ 将 pos_best 的元素相加,如果大于 1,则说明至少有一个水母找到了更优的目标函数值

　　　　ELI_POS_fit(pos_best,:) = POS_fit(pos_best,:);％pos_best = 1 表示 POS_fit 的值更优,将其存入 ELI_POS_fit 的对应位置中,即更新精英种群中的个体

　　　　ELI_POS(pos_best,:) = POS(pos_best,:);％ 相应精英水母的位置更新

　　end

　　if （sum(best_pos)>1)％ 将 best_pos 的总和相加,如果大于 1,说明至少有一个水母的 ELI_POS_fit 和 ELI_POS 互不支配或 ELI_POS 更优,则 ELI_POS_fit 需要被替换

　　　　ELI_POS_fit(best_pos,:) = POS_fit(best_pos,:);％ best_pos = 1 时,对应的水母的 POS_fit 值存入 ELI_POS_fit 中

　　　　ELI_POS(best_pos,:) = POS(best_pos,:);％ 对应做精英水母的位置更新

　　end

％％ 更新外部档案集

　if size(ARCH.pos,1)==1％ 如果外部档案集的行数为 1,则表示档案集中只有一个非支配解,将无法更新外部档案集,因为在更新过程中需要对档案集中的非支配解进行网格划分,一个非支配解无法进行网格划分,所以对档案集中只有一个非支配解的情况进行调整

　　ARCH.pos = POS;％ 只有一个非支配解将无法更新外部档案集,因此用所有的水母位置 POS 填补外部档案集 ARCH 的 pos

　　ARCH.pos_fit = POS_fit;％ 用所有的水母位置所对应的目标函数值 POS_fit 填补外部档案集 ARCH 的 pos_fit

　　ARCH = updateArchive(ARCH,ELI_POS,ELI_POS_fit,ngrid);％ 更新外部档案集,ngrid 表示划分网格数,结构体 ARCH 表示外部档案集,Np×1 维向量 ELI_POS 表示精英种群中所有的精英成员,矩阵 ELI_POS_fit 表示精英种群中所有的精英成员的目标函数值,输出结构体 ARCH 表示更新后的外部档案集

　else％ 如果外部档案集中不止有一个非支配解

　　ARCH = updateArchive(ARCH,ELI_POS,ELI_POS_fit,ngrid);％ 更新外部档案集

　　if size(ARCH.pos,1)==1％ 如果更新后的外部档案集的行数为 1,则表示档案集中只有一个非支配解

　　　ARCH.pos = ELI_POS;％ 用精英种群的位置 ELI_POS 填补外部档案集 ARCH 的 pos

　　　ARCH.pos_fit = ELI_POS_fit;％ 用精英种群的目标函数值 ELI_POS_fit 填补外部档案集 ARCH 的 pos_fit

```
        end
    end
if (size(ARCH. pos,1) > Nr)%  如果外部档案集中的非支配解的数量超过了规定的档案集最大
存储数量,则要删除档案集中多余的非支配解
    ARCH    =    deleteFromArchive(ARCH,size(ARCH. pos,1)  -  Nr,ngrid);%  调 用
deleteFromArchive 函数,删除非支配解较多的网格中多余数量的非支配解。 输入结构体
ARCH,Nr 表示档案中非支配解最多存放的数量,size(ARCH. pos,1)-Nr 表示需要删除的非支
配解的数量,ngrid 表示划分网格数,输出删除多余非支配解后的档案集 ARCH
    end
    display(['Iteration #' num2str(it) '- Archive size:' num2str(size(ARCH. pos,1))]);%
输出非支配解的个数
    it = it+1;%  迭代次数加 1
    if(it > Max It),  stopCondition  =  true; end%  如果达到迭代的停止条件, 则
stopCondition =1,算法结束,输出 Parato 前沿,否则 stopCondition = 0,算法继续循环
end


%%Parato 前沿
if(size(ARCH. pos_fit,2) == 2)%  如果档案集中 pos_fit 的列数为 2,则目标函数是 2 个目标值
    plot(ARCH. pos_fit(:,1),ARCH. pos_fit(:,2),'or'); hold on;%  画出 Parato 前沿的二维图
    grid on; xlabel('f1'); ylabel('f2');%  横坐标是 f1,纵坐标是 f2
end
if(size(ARCH. pos_fit,2) == 3)%  如果档案集中 pos_fit 的列数为 3,则目标函数是三个目标值
    plot3(ARCH. pos_fit(:,1),ARCH. pos_fit(:,2),ARCH. pos_fit(:,3),'or'); hold on;%  画出
Parato 前沿的三维图
    grid on; xlabel('f1'); ylabel('f2'); zlabel('f3');%x 轴是 f1,y 轴是 f2,z 轴是 f3
end
end
```

4.4.2　selectLeader 函数

下面给出 selectLeader 函数的具体程序,该程序为轮盘赌机制,找出引领水母运动的全局最优解。

```
function selected = selectLeader(ARCH)
%  轮盘机制选择全局最优解,输入外部档案集,输出全局最优解
prob    = cumsum(ARCH. quality(:,2));%ARCH. quality(:,2) 是指 ARCH. quality 的第二
列,这一列保存的是每个小网格被选择的概率 $P_i$ 值,用 cumsum 函数累积 ARCH. quality(:,2)
的值,将累积概率赋值给 prob
```

sel_hyp = ARCH. quality(find(rand(1,1) * max(prob) <= prob,1,'first'),1);% 实施轮盘赌
策略,选择一个网格:rand(1,1) 生成 0 到 1 的一个随机数,rand(1,1) * max(prob) 得到 0 到
max(prob) 的一个随机数,找到 prob 中大于等于这个随机数的第一个数,将它所在行对应到
quality 中的相应行,输出 quality 中该行第一列的值,即网格的索引值。ARCH. quality(:,1) 中
保存的是档案中所有非支配解存在的网格的索引值,通过轮盘赌策略找到含非支配解较少的网
格的索引值,记为 sel_hyp

% 下面从网格中随机选择全局最优解 leader 的索引
idx   = 1:1:length(ARCH. grid_idx);%ARCH. grid_idx 中存储的是每一个非支配解所在的网
格的索引值,idx 从第一个非支配解遍历最后一个非支配解
selected = idx(ARCH. grid_idx == sel_hyp);% 找到 ARCH. grid_idx 里与 sel_hyp 相同的值,
将这些值在 idx 中的索引值赋给 selected,这些索引值对应的非支配解都在 sel_hyp 这个网格中
selected = selected(randi(length(selected)));% 在 selected 中随机选择一个非支配解的索引值,
即选中了一个全局最优解
end

4.4.3   dominates 函数

下面给出 dominates 函数的具体程序,该程序用来比较各个水母的支配
关系。
function d = dominates(x,y)
% 比较水母的支配关系,输入两个向量,输出逻辑值 d
    d = all(x <= y,2) & any(x < y,2);% 如果 x 的值优于 y,则 x 支配 y,d = 1;如果 x 不支配 y,
则 d = 0
end

4.4.4   checkDomination 函数

下面给出 checkDomination 函数的具体程序,该程序用来确定每个解是被支
配解还是非支配解。
function domi_vector = checkDomination(fitness)
%% 判断各水母之间的支配关系,返回值 domi_vector 为 1 表示该解为被支配解,为 0 表示该解
为非支配解
Np = size(fitness,1);%Np 为水母的数量
if Np > 2% 水母的数量大于 2 时才进行支配关系的比较
    domi_vector = zeros(Np,1);%Np×1 维的零向量 domi_vector,后续用于保存每个水母的
非支配关系
    all_perm = nchoosek(1:Np,2);% 函数 nchoosek 用来获得从向量[1,2,3,…,Np]取 2 个元

素的所有组合,也就是从水母群中每次挑出 2 个水母进行非支配关系判断,总共有 Np! /((Np−2)! 2!)种组合

all_perm = [all_perm;[all_perm(:,2) all_perm(:,1)]];% 不仅要比较 A 是否支配 B,还要判断 B 是否支配 A,因此用 all_perm 和交换 all_perm 的两列重新合成 all_perm

d = dominates(fitness(all_perm(:,1),:),fitness(all_perm(:,2),:));% 调用 dominates 函数比较 all_perm 的第一列和第二列所索引的两个解的非支配关系,d 中某行元素值为 1 表示该行第一列元素索引的解支配第二列元素索引的解

dominated_particles = unique(all_perm(d == 1,2));%all_perm(d == 1,2)) 表示找出 d 值为 1 的索引在 all_perm 中所对应的第 2 列元素,即被支配的解的索引,再用 unique 删除重复索引值

domi_vector(dominated_particles) = 1;% 将被支配的解的 domi_vector 值变为 1

else

domi_vector = ones(Np,1);% 如果水母数量小于等于 2,则每个水母的 domi_vector 的值为 1

end

end

4.4.5　updateArchive 函数

以下是对 updateArchiv 函数的具体程序及说明,该函数用于更新外部档案集。

function ARCH = updateArchive(ARCH,POS,POS_fit,ngrid)

% 更新外部档案,输入结构体 ARCH、矩阵 POS、矩阵 POS_fit 和标量 ngrid,输出更新后的外部档案集

DOMINATED = checkDomination(POS_fit);% 调用函数 checkDomination,判断水母目标函数值的支配关系,返回值 domi_vector 为 1 表示该解为被支配解,为 0 表示该解为非支配解

ARCH.pos = [ARCH.pos;POS(~ DOMINATED,:)];% 将水母找到的新非支配解的位置添加进 ARCH.pos 中

ARCH.pos_fit = [ARCH.pos_fit;POS_fit(~ DOMINATED,:)];% 将水母找到的新非支配解的目标函数值添加进 ARCH.pos_fit 中

DOMINATED = checkDomination(ARCH.pos_fit);% 更新完档案集后,调用函数 checkDomination,重新比较水母目标函数的支配关系

ARCH.pos_fit = ARCH.pos_fit(~ DOMINATED,:);% 比较完后,留下的非支配解的目标函数值存入 ARCH.pos_fit 中

ARCH.pos = ARCH.pos(~ DOMINATED,:);% 比较完后,留下的非支配解的位置存入 ARCH.pos 中

％更新网格

ARCH　　= updateGrid(ARCH,ngrid);％调用函数 updateGrid,根据新的非支配解更新网格

end

4.4.6　updateGrid 函数

以下是对 updateGrid 函数的代码说明,该函数用于更新网络。

function　　ARCH = updateGrid(ARCH,ngrid)

％用于更新网格,输入表示网格数量的标量 ngrid 和结构体 ARCH,输出更新网格后的每个外部档案集中的非支配解所在的网格位置,将网格位置存储在 ARCH 中

ndim = size(ARCH.pos_fit,2);％将 ARCH.pos_fit 的列数赋值给 ndim,表示目标函数的个数

ARCH.hypercube_limits = zeros(ngrid+1,ndim);％设置(ngrid+1)×ndim 维的零矩阵,赋值给 ARCH.hypercube_limits,它的每一列都有 ngrid+1 个元素,用来记录每一个目标函数维度上划分 ngrid 个网格的 ngrid+1 个端点值,一共有 ndim 列,即对应 ndim 个目标函数

for dim = 1:1:ndim％从第一个目标函数开始到第 ndim 个目标函数结束

　　ARCH.hypercube_limits(:,dim) = linspace(min(ARCH.pos_fit(:,dim)),max(ARCH.pos_fit(:,dim)),ngrid+1)';％对于每一个目标函数维度,均匀产生在当前目标函数最小值与最大值之间的 ngrid+1 个数,ngrid+1 个数划分 ngrid 个网格

end

npar = size(ARCH.pos_fit,1);％将 ARCH.pos_fit 的行数赋值给 npar,表示档案中非支配解的数量

ARCH.grid_idx = zeros(npar,1);％设置 npar×1 维的零向量 ARCH.grid_idx,记录每个非支配解的网格索引值

ARCH.grid_subidx = zeros(npar,ndim);％设置 npar×ndim 维的零矩阵 ARCH.grid_subidx,记录每个非支配解在每一个目标函数中的网格序号

for n = 1:1:npar％从第一个非支配解开始循环,到第 npar 个非支配解结束

　　idnames = [];％设向量 idnames 为空,记录当前非支配解在每个目标函数中的网格位置

　　for d = 1:1:ndim％从第一个目标函数开始到第 ndim 个目标函数结束

　　　　ARCH.grid_subidx(n,d) = find(ARCH.pos_fit(n,d) <= ARCH.hypercube_limits(:,d)',1,'first')-1;％从 ARCH.hypercube_limits 中找到比第 n 个非支配解的第 d 个目标函数值大的第一个数,将这个数在 ARCH.hypercube_limits 中对应的行数减1,得到第 n 个非支配解的第 d 个目标函数所在的网格位置,将网格位置赋值给矩阵 ARCH.grid_subidx 的第 n 行第 d 列

　　　　if(ARCH.grid_subidx(n,d) == 0),ARCH.grid_subidx(n,d) = 1;end％如果 ARCH.grid_subidx 的第 n 行第 d 列为0,则将 ARCH.grid_subidx 的第 n 行第 d 列的值改为1,表示第 d 个目标函数在第一个网格中

　　　　idnames = [idnames ',' num2str(ARCH.grid_subidx(n,d))];％记录当前非支配解在每个目标函数中的网格位置

end

ARCH. grid_idx(n) = eval(['sub2ind(ngrid. * ones(1,ndim)' idnames ');']);％ 每个非支配解的网格索引,以两个目标函数为例,计算过程为(每列的格子数)×(idnames 的第二个值－1)＋(idnames 的第一个值)

　　end

％ 网格中水母数越少,则该网格中的水母越容易被选中作为全局最优解

ARCH. quality = zeros(ngrid,2);％ 设 quality 为 ngrid×2 维零矩阵,用于存储每个网格被选中的概率

ids = unique(ARCH. grid_idx);％ 选出 ARCH. grid_idx 中不重复的值,即当前档案集中的非支配解都分布在哪些网格中,将这些网格的索引值不重复的赋值给 ids

for i = 1:length(ids)％　遍历 ids 中的每个网格

ARCH. quality(i,1) = ids(i);％ 将 ids 值赋给 ARCH. quality 的第一列,即当前网格的索引值

ARCH. quality(i,2) = 10/sum(ARCH. grid_idx == ids(i));％ 按式(4.8)计算当前网格被选中的概率,赋值给 ARCH. quality 的第二列。ARCH. grid_idx 保存的是当前档案集中的非支配解所在的网格的索引值,用函数 sum 求出 ARCH. grid_idx 中与第 i 个 ids 值相等的非支配解的总数,即得到式(4.8)中的 N_i

end

end

4.4.7　deleteFromArchive 函数

　　下面给出 deleteFromArchive 函数的具体程序,该函数使用拥挤距离删除档案中多余的水母。

function ARCH = deleteFromArchive(ARCH,n_extra,ngrid)

％％ 计算拥挤距离删除档案中多余的非支配解,n_extra 表示需要删除的非支配解的个数,删除完多余的非支配解以后输出新的 ARCH

crowding = zeros(size(ARCH. pos,1),1);％ size(ARCH. pos,1) 表示档案中非支配解的数量,先设一个零向量 crowding

for m = 1:1:size(ARCH. pos_fit,2)％ size(ARCH. pos_fit,2) 表示目标函数个数,从第一个目标函数开始循环

[m_fit,idx] = sort(ARCH. pos_fit(:,m),'ascend');％ 将 ARCH. pos_fit 的值从小到大排序,将排序后的值放入 m_fit 中,将每个 ARCH. pos_fit 的索引放入 idx 中

％％％ 第一个 Pareto 非支配解和最后一个 Pareto 非支配解的拥挤距离设为无穷大

m_up 　　= [m_fit(2:end); Inf];％ m_up 为 m_fit 的第二个元素到最后一个元素,删去了 m_fit 的第一个元素,将 Inf 补充在最后一个元素位置,

　　m_down　　＝[Inf;m_fit(1:end−1)];%m_down 为 m_fit 的第一个元素到倒数第二个元素,删去了 m_fit 的最后一个元素,将 Inf 补充在 m_down 的第一个元素位置

　　distance＝(m_up−m_down)./(max(m_fit)−min(m_fit));% 根据拥挤距离式(4.6)计算每个目标函数的拥挤距离,赋值给 distance
　　[∼,idx]　　＝sort(idx,'ascend');% 将 idx 进行升序排列,排列后的数值所在的索引值赋值给 idx
　　crowding＝crowding+distance(idx);% 根据式(4.7)计算所有目标函数的拥挤距离
end
　　crowding(isnan(crowding))＝Inf;%isnan 用来确定哪些数组元素为 NaN,将 NaN 的元素记为 Inf
%% 根据拥挤距离选择要删除的多余的非支配解
[∼,del_idx]＝sort(crowding,'ascend');% 将 crowding 进行升序排列,排列后的数值所在的索引值赋值给 del_idx
　　del_idx＝del_idx(1:n_extra);%n_extra 表示要删除的非支配解的个数,将 del_idx 中的前 n_extra 个重新赋值给 del_idx,此时 del_idx 存储的是需要删除的非支配解在 ARCH 中的索引值
　　ARCH.pos(del_idx,:)＝[];% 根据 del_idx 中的索引值将多余的非支配解在 ARCH.pos 中删除
　　ARCH.pos_fit(del_idx,:)＝[];% 根据 del_idx 中的索引值将多余的非支配解在 ARCH.pos_fit 中删除
　　ARCH＝updateGrid(ARCH,ngrid);% 将拥挤的多余的非支配解删除后,根据档案集中更新好的非支配解重新画网格
　　end

4.4.8　checkBoundaries 函数

　　下面给出 checkBoundaries 函数的具体程序,当 rand<0.5 时,用该函数核对水母搜索空间边界,将超过边界值的水母位置设置为边界值,从而保证每个水母的位置在决策变量范围内。
function [POS]＝checkBoundaries(POS,var_max,var_min)
% 核对水母搜索空间边界,此函数是 rand<0.5 时,将超过边界值的水母位置设置为边界值,从而保证每个水母的位置在决策变量范围之内,POS 表示水母的位置,var_min 表示搜索空间的下限;var_max 表示搜索空间的上限,输出的 POS 表示水母调整后的位置

Np＝size(POS,1);% 将 POS 的行数赋值给 Np,表示水母的数量
MAXLIM＝repmat(var_max(:)',Np,1);%var_max(:)' 表示将 var_max 转置,重复 var_max 转置后的 1×nVar 维向量的 Np×1 维副本,MAXLIM 是一个 Np 行 nVar 列的矩阵

MINLIM = repmat(var_min(:)′,Np,1);%var_min(:)′表示将 var_min 转置,重复 var_min 转置后的 1×nVar 维向量的 Np×1 维副本,MAXLIM 是一个 Np 行 nVar 列的矩阵

POS(POS>MAXLIM) = MAXLIM(POS>MAXLIM);% 保证每一个水母的 POS 的每一维不超过定义的最大值

POS(POS<MINLIM) = MINLIM(POS<MINLIM);% 保证每一个水母的 POS 的每一维不超过定义的最小值

end

4.4.9　checksimplebounds 函数

下面给出 checksimplebounds 函数的具体程序,当 rand≥0.5 时,用该函数将超过边界值的水母重新调整位置。

function POS = checksimplebounds(POS,Lb,Ub)

% 此函数是 rand>=0.5 时,将超过边界值的水母重新调整位置,POS 表示水母的位置,Lb 表示搜索空间的下限,Ub 表示搜索空间的上限,输出的 POS 表示水母调整后的位置

POS 为 Np 行 nd 列矩阵,Lb 和 Ub 均为 1×nd 维向量,nd 为决策变量的维度

for i = 1:size(POS,1)% 将 Np 只水母中位置超过边界值的水母进行位置的调整

　　ns_tmp = POS(i,:);% 将第 i 只水母的位置 POS 赋值给 ns_tmp,ns_tmp 为 1×nd 维向量

　　I = ns_tmp<Lb;% 判断水母的位置 ns_tmp 中的每一维是否超过了下边界,如果超过了下边界,则 I 中相应的维度取值为 1,I 为 1×nd 维向量

　　while sum(I)~=0% 如果求出 I 的总和不等于 0,则第 i 只水母的位置中存在某一维超过了下边界,因此进入循环,直到第 i 只水母的位置的每一维都在边界中

　　　　ns_tmp(I) = Ub(I)+(ns_tmp(I)−Lb(I));% 将第 i 只水母的位置进行重设,不能超过下边界

　　　　I = ns_tmp<Lb;% 若第 i 只水母的位置的每一维都在边界中,则跳出循环,否则继续循环

　　end

　　J = ns_tmp>Ub;% 判断水母的位置 ns_tmp 中的每一维是否超过了上边界,如果超过了上边界,则 J 中相应的维度取值为 1,J 为 1×nd 维向量

　　while sum(J)~=0% 如果求出 J 的总和不等于 0,则水母的位置中存在某一维超过了上边界,因此进入循环,直到水母的位置的每一维都在边界中

　　　　ns_tmp(J) = Lb(J)+(ns_tmp(J)−Ub(J));% 将水母的位置进行重设,不能超过上边界

　　　　J = ns_tmp>Ub;% 如果水母的位置的每一维都在边界中,则跳出循环,否则继续循环

```
end
    POS(i,:) = ns_tmp;% 将重新调整好的水母的位置 ns_tmp,赋值给第 i 只水母的 POS,第 i
```
只水母的 POS 为 1×nd 维向量
```
end
end
```

4.4.10 initialchaos 函数

下面给出 initialchaos 函数的具体程序,该程序实现多目标水母搜索算法的混沌初始化。

```
function pop = initialchaos(num_pop,nd,Ub,Lb)
% 混沌初始化。输入参数分别为:num_pop 表示水母数量;nd 表示搜索空间的维度;Ub 表示
搜索空间的上限;Lb 表示搜索空间的下限。输出参数为 pop,表示初始化后生成的水母群
num_pop 为标量;nd 为标量;Ub 和 Lb 均为 1×nd 维向量;nd 为决策变量的维度

if size(Lb,2) == 1% 若 Lb 的列数为 1
    Lb = Lb * ones(1,nd);% 用 ones 函数生成 1×nd 维向量,将下限 Lb 更新为 1×nd 维向量
    Ub = Ub * ones(1,nd);% 用 ones 函数生成 1×nd 维向量,将上限 Ub 更新为 1×nd 维向量
end
x(1,:) = rand(1,nd);% 初始化第一个水母的初始值是 0 到 1 的随机数
    a = 4;% 根据 logistic 混沌公式,a 为固定值 4
    for i = 1:(num_pop-1)
        x(i+1,:) = a * x(i,:). * (1-x(i,:));% 按照式(4.15)初始化 num_pop-1 只
水母的位置
    end
end
```

4.4.11 Levy 函数

以下是对 Levy 函数的代码说明,该函数用于计算得出莱维飞行的步长值。

```
function s = Levy(d)
% 莱维飞行,输入变量维度 d,输出变量 s
beta = 3/2;% 设 beta 值为 3/2
sigma = (gamma(1 + beta) * sin(pi * beta/2)/(gamma((1 + beta)/2) * beta * 2^((beta-
1)/2)))^(1/beta);% 根据莱维飞行公式即式(4.18)计算出 sigma 值,gamma 表示 gamma 函数
u = randn(1,d) * sigma;% 用 randn 生成一个 1×d 维符合正态分布的向量,此向量与 sigma 相
乘得出的值,赋给 u,使得 u 满足正态分布且方差为 sigma^2
v = randn(1,d);% 用 randn 生成一个 1×d 维符合正态分布的向量,赋值给 v,v 的方差为 1
```

step = u. /abs(v). ^(1/beta);% 根据式(4.17)计算 step,abs 表示取 v 的绝对值
s = 0.01 * step;% 得出莱维飞行的步长值

4.4.12　OPPOS 函数

以下是对 OPPOS 函数的代码说明,该函数根据反向学习策略对每个水母的位置进行调整。

function [POS] = OPPOS(POS,var_max,var_min)
% 反向学习策略。输入 POS 表示水母的位置,var_min 表示搜索空间的下限;var_max 表示搜索空间的上限,输出的 POS 为水母调整后的位置

　　Np = size(POS,1);% 将 POS 的行数赋值给 Np,表示水母的数量

　　MAXLIM = repmat(var_max(:)',Np,1);%var_max(:)' 表示将 var_max 转置,重复 var_max 转置后的 1×nVar 维向量的 Np×1 维副本,MAXLIM 是一个 Np 行 nVar 列的矩阵

　　MINLIM = repmat(var_min(:)',Np,1);%var_min(:)' 表示将 var_min 转置,重复 var_min 转置后的 1×nVar 维向量的 Np×1 维副本,MAXLIM 是一个 Np 行 nVar 列的矩阵

　　POS = (MINLIM+MAXLIM)−POS;% 根据反向学习策略的式(4.16)对每个水母的位置进行调整

end

4.4.13　调用 MOJS 求解测试函数

该脚本为主程序,设置种群数量、最大迭代次数、外部档案集的存放容量等,并调用 MOJS 算法。

%% 设置参数

params. Np = 100;　　　% 种群数量 Np 设置为 100,存入结构体 params 中

params. Nr = 100;　　　　% 外部档案中非支配解的存放容量 Nr 设置为 100,存入结构体 params 中

params. maxiter = 2000;　% 最大迭代次数 maxiter 设置为 2000,存入结构体 params 中

params. ngrid = 20;　　　% 划分的网格数 ngrid 设置为 20,存入结构体 params 中

i = 1;　　　　　　　% 所选函数的序号为 1

%% 测试函数

switch i

　　case 1

　　　　MultiObjFnc = 'Schaffer';%Schaffer 函数

　　case 2

　　　　MultiObjFnc = 'Kursawe';%Kursawe 函数

end

%% 测试函数的公式

switch MultiObjFnc

　　case 'Schaffer'

　　　　MultiObj.fun = @(x) [x(:).^2, (x(:)-2).^2];% 将函数 Schaffer 的句柄命名为
fun 存入结构体 MultiObj 中

　　　　MultiObj.nVar = 1;% 将变量的个数命名为 nVar,设为标量 1,存入结构体
MultiObj 中

　　　　MultiObj.var_min = -5;% 将变量的最小范围命名为 var_min,设为标量-5,存入
结构体 MultiObj 中

　　　　MultiObj.var_max = 5;% 将变量的最大范围命名为 var_max,设为标量 5,存入结构
体 MultiObj 中

　　case 'Kursawe'

　　MultiObj.fun = @(x) [- 10.*(exp(- 0.2.*sqrt(x(:,1).^2 + x(:,2).^2)) +
exp(- 0.2.*sqrt(x(:,2).^2 + x(:,3).^2))),...

　　　　　　sum(abs(x).^0.8 + 5.*sin(x.^3),2)];% 将函数 Schaffer 的句柄命名为 fun 存入
结构体 MultiObj 中

　　　　MultiObj.nVar = 3;% 将变量的个数命名为 nVar,设为标量 3,存入结构体 MultiObj 中

　　　　MultiObj.var_min = - 5.*ones(1,MultiObj.nVar);% 将变量的最小范围命名为
var_min,设为一个 1×nVar 维且每一维的值为-5 的向量,存入结构体 MultiObj 中

　　　　MultiObj.var_max = 5.*ones(1,MultiObj.nVar);% 将变量的最小范围命名为
var_max 设为一个 1×nVar 维且每一维的值为 5 的向量,存入结构体 MultiObj 中

%% 进入 MOJS 主程序

[PARETOFRONT] = MOJS(params,MultiObj);%MOJS 子程序,输入结构体 params 和
MultiObj,输出 Parato 前沿

第5章 改进多目标水母算法及其在无人机路径规划中的应用

5.1 无人机路径规划评价指标

路径规划问题是指在二维或三维空间中为无人机访问给定的航路点(目标)序列寻找可飞行路径。无人机路径规划的评价指标有飞行时间、路径距离、规避威胁的能力和规划路径的可靠性等,具体介绍如下[5]。

(1)飞行时间是指无人机从初始点到目标点的时间长度。飞行时间受飞机的机动性能、障碍物、地形、环境威胁等因素影响,无人机规划路径的总时间要小于规定的总时间。所规划路径的飞行时间越短,无人机燃耗能量越少,规划的航迹性能越优。

(2)路径距离是指无人机从起始点到目标点的空间距离。路径距离需满足小于允许的最大长度。在满足约束条件下,路径距离越短,则无人机燃耗能量越少,遇到威胁的概率越低,规划的航迹性能越优。

(3)规避威胁的能力是指无人机避开各种障碍物(如山地、丘陵、房屋建筑等)的能力。规避威胁的能力越强,规划路径可飞性就越高。规避威胁的能力越强,则规划路径健壮性越高,重规划的成本越低,航迹性能越优。

(4)规划路径的可靠性是指在一定的时间、空间约束下,无人机在规划的路径上安全飞行的概率大小。规划路径的可靠性越高,遇到威胁时被损坏的概率就越低,航迹性能越优。

5.2 无人机路径规划的目标函数

无人机路径规划需要考虑多类约束,从而保证无人机飞行的可行性,并且约束条件与建立路径规划的目标函数有关。约束通常分为两类:性能约束和环境约束。性能约束即动力学约束,如最小转弯角、最大俯仰角、升限等;环境约束即环境中各类障碍和威胁,如地形,建筑等。本书在无人机路径规划中采用的目标函数模型包括路径成本、威胁成本、高度成本和平滑成本[6]。路径成本 F_1 为

$$F_1(\pmb{X}_i) = \sum_{j=1}^{n-1} \| p_{i,j} \ p_{i,j+1} \| \tag{5.1}$$

式中,$\pmb{X}_i$ 表示第 i 条路径,它由 n 个航迹点构成,$\pmb{X}_i = [p_{i,1}, p_{i,2}, \cdots, p_{i,D}]$;$p_{i,j}$ 为第 i 条路径的第 j 个航迹点,且 $p_{i,j} = (x_{i,j}, y_{i,j}, z_{i,j})$,$x_{i,j}$、$y_{i,j}$、$z_{i,j}$ 为 $p_{i,j}$ 的三维直角坐

标;$\|p_{i,j}\ p_{i,j+1}\|$ 表示两个航迹点之间的欧几里得距离。

第二个成本函数是威胁成本。威胁成本的各个参数设置如图 5.1 所示,图中 C_k 为第 k 个威胁物的中心坐标。T_k 为第 k 个威胁物在路径段 $\overrightarrow{p_{i,j}\ p_{i,j+1}}$ 上的威胁成本。威胁成本 F_2 为

$$
\begin{cases}
F_2(\boldsymbol{X}_i) = \sum_{j=1}^{n-1} \sum_{k=1}^{K} T_k(p_{ij}\ p_{i,j+1}) \\[2mm]
T_k(p_{i,j}\ p_{i,j+1}) = \begin{cases} 0, & d_k > S+D+R_k \\ (S+D+R_k-d_k), & D+R_k < d_k \leqslant S+D+R_k \\ \infty, & d_k \leqslant D+R_k \end{cases}
\end{cases}
\tag{5.2}
$$

式中,K 表示共有 K 个威胁物;k 表示第 k 个威胁物;R_k 为第 k 个威胁物的半径;D 表示无人机尺寸;S 表示无人机的碰撞距离;对于给定的路径段 $\overrightarrow{p_{i,j}\ p_{i,j+1}}$,$d_k$ 表示第 k 个威胁物的中心坐标到路径段 $\overrightarrow{p_{i,j}\ p_{i,j+1}}$ 的距离。

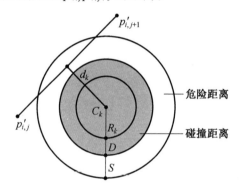

图 5.1 威胁成本的各个参数

高度成本 F_3 为

$$
H_{i,j} = \begin{cases} \left| h_{i,j} - \dfrac{(h_{max}+h_{min})}{2} \right|, & h_{min} \leqslant h_{i,j} \leqslant h_{max} \\[2mm] \infty, & 其他 \end{cases}
\tag{5.3}
$$

$$
F_3(\boldsymbol{X}_i) = \sum_{j=1}^{n} H_{ij}
\tag{5.4}
$$

式中,h_{max} 表示最大高度;h_{min} 表示最小高度;$h_{i,j}$ 表示第 i 条路径的第 j 个航迹点的高度;$H_{i,j}$ 表示第 i 条路径的第 j 个航迹点的高度成本。

平滑成本需要计算转弯角和俯视角,转弯角 $\varphi_{i,j}$ 是两个连续路径段 $\overrightarrow{p_{i,j}\ p_{i,j+1}}$ 和 $\overrightarrow{p_{i,j+1}\ p_{i,j+2}}$ 在水平面上的投影向量 $\overrightarrow{p'_{i,j}\ p'_{i,j+1}}$ 与 $\overrightarrow{p'_{i,j+1}\ p'_{i,j+2}}$ 之间的角度。设 $\boldsymbol{u}$ 是 z 轴

方向上的单位向量,则投影向量为

$$\overrightarrow{p'_{i,j}p'_{i,j+1}} = u \times (\overrightarrow{p_{i,j}p_{i,j+1}} \times u) \tag{5.5}$$

转弯角 $\varphi_{i,j}$ 为

$$\varphi_{i,j} = \arctan \frac{\| \overrightarrow{p'_{i,j}p'_{i,j+1}} \times \overrightarrow{p'_{i,j+1}p'_{i,j+2}} \|}{\overrightarrow{p'_{i,j}p'_{i,j+1}} \cdot \overrightarrow{p'_{i,j+1}p'_{i,j+2}}} \tag{5.6}$$

俯仰角 $\psi_{i,j}$ 是路径段 $\overrightarrow{p_{i,j}p_{i,j+1}}$ 与其在水平面上的投影 $\overrightarrow{p'_{i,j}p'_{i,j+1}}$ 之间的夹角,有

$$\psi_{i,j} = \arctan \frac{z_{i,j+1} - z_{ij}}{\| \overrightarrow{p'_{i,j}p'_{i,j+1}} \|} \tag{5.7}$$

式中, z 表示航迹点的坐标值。

综上,可以得到平滑成本的计算公式为

$$F_4(\boldsymbol{X}_i) = a_1 \sum_{j=1}^{n-2} \varphi_{ij} + a_2 \sum_{j=1}^{n-1} | \psi_{i,j} - \psi_{i,j-1} | \tag{5.8}$$

式中, a_1 是转弯角的惩罚系数; a_2 是俯仰角的惩罚系数。

5.3　改进策略

(1) 改进初始化策略。

在 MOJS 算法中,按照式(4.15)的 logistic 映射方式进行初始化,改进后的算法根据无人机路径规划问题采用基于快速随机搜索树(rapid-exploration random tree,RRT)的初始化策略进行初始化。快速随机搜索树具体过程如下。

① 将起点作为树的根节点进行存储,同时从起点开始扩展路径。在空间中通过随机函数选择采样点 r_{point},从现有的 RRT 树中选择距 r_{point} 最近的一个点。

② 第一次扩展时,RRT 树中只有起点,因此从起点向 r_{point} 延伸一段距离 step Size,这段距离的终点定为新的树节点 $\text{new}_{\text{point}}$。

③ 对这段延伸距离进行碰撞检测。如果其没有与障碍物发生碰撞,而且 $\text{new}_{\text{point}}$ 未被现有的 RRT 树探索过,则将 $\text{new}_{\text{point}}$ 加入到 RRT 树中;如果发生碰撞,则放弃 r_{point} 和 $\text{new}_{\text{point}}$。如此反复,不断添加新的树节点到树中,直到到达终点附近。

④ 由于 step Size 是固定值,并不能保证最后一次延伸能够刚好到达规定的终点,更可能的情况是在终点周围来回跳动,因此设定一个阈值 threshold,假如延伸的新的树节点与终点的距离小于这个阈值,就认为 RRT 树已经完成生长。

⑤ RRT 树停止规划后,从起点到终点按照顺序连接成一条可行路径,该路径为 RRT 树最终规划的可行路径。

在 RRT 生成初始可行路径的基础上,采用 MOJS 算法对初始可行路径进行优化,可以快速高效地找到最优的可行路径。然而,RRT 是一种通过随机采样扩展搜索的算法,其每次生成的可行路径的节点数也是随机的。一方面,这会导致路径中存在冗余节点;另一方面,为减少算法复杂度,MOJS 算法求解无人机飞行的最优路径时,往往需要预先设定路径中的节点数,并在算法寻优过程中始终保持节点数量不变。因此,由 RRT 生成的可行路径不能直接用作多目标水母搜索算法的初始解,还需要调整路径节点数。调整过程分为两部分:首先删除冗余的路径节点,缩短路径;然后比对节点数目的要求,对路径节点进行扩充或减少,使路径中的节点数为指定数目。

(2) 改进环境选择策略。

MOJS 算法通过网格法和拥挤距离维护外部档案集并实施精英选择,在两个优化目标的问题上效果尚可。但在无人机路径规划的问题中,当多个约束条件建模为多个目标函数时,问题模型成为一个高维多目标问题,导致 MOJS 算法的选择压力不足。针对该问题,不再建立和维护外部档案集,也不再进行精英选择,将父代种群与子代种群合并,引入基于参考点的环境选择策略,提高算法的选择压力。具体过程如下。

N 个父代水母 $X_f(t)$ 完成迭代后,将产生 N 个子代水母 $X_o(t)$,子代和父代水母构成个体数量为 $2N$ 的水母种群,从中选择优秀的 N 个个体成为下一代父代水母。首先对 $2N$ 个水母个体进行快速非支配排序,根据个体的支配关系产生 L 个非支配层,分别为 $F_1, F_2, \cdots, F_L$,按照非支配层优先级顺序,第 1 个到第 l 个非支配层中的个体组成种群 Y_l。若 Y_l 的个体数量为 N 个,则保留这 N 个种群个体作为下一代父代种群,然后不再进行操作;若 Y_l 个体数量超过 N 个,先保留第 1 个到第 $l-1$ 个非支配层中的 $N-K$ 个个体,将第 l 个非支配层定义为临界层,然后通过建立参考点从临界层中选出剩余 K 个个体,组成 N 个种群个体作为下一代父代种群 $X_f(t+1)$。这部分的具体过程如下。

① 设置理想点进行转换操作。找到种群 Y_l 中所有个体在每一个目标函数上的最小值,构成当前的理想点 $I^{\min}$。为使所有个体的目标函数值尺度统一,根据 $f_m(X_i) - I_m^{\min}$ 进行转换操作,其中 $X_i \in Y_l$,转换后理想点为原点。

② 种群个体归一化。转换操作后,需要 M 个额外点构造 M 维目标空间,求出每个个体最大的目标函数值 $\mathrm{ASF}(X_i, w)$,有

$$\mathrm{ASF}(X_i, w) = \max_{m=1,2,\cdots,M} \frac{f_m(X_i) - I_m^{\min}}{w_m}, \quad m=1,2,\cdots,M; i=1,2,\cdots,2N$$

$$(5.9)$$

式中，ASF 表示成就标量函数；w_m 表示第 m 维为1，其余维度为 10^{-6} 的权重向量。将每个个体的最大目标函数值进行比较，找出 $ASF(X_i,w)$ 的最小值对应的 X_i 作为第 m 个目标值 f_m 产生的第 m 个额外点向量 E_m。在目标空间中，M 个额外点相连组成一个 $M-1$ 维超平面，这个面与第 m 个目标函数坐标轴的交点截距为 a_m。将所有个体的目标值进行归一化，有

$$f'_m(X_i) = \frac{f_m(X_i) - I_m^{\min}}{a_m - I_m^{\min}} \tag{5.10}$$

③ 建立参考点。归一化后的种群个体将与参考点相互关联，在进行关联过程之前，需要先建立参考点。建立参考点时，分为建构一层参考点和构建内外两层参考点两种情况。

a. 当 $M < 8$ 时，构建一层参考点，将每个目标函数分割为 P 份，计算参考点个数 H，即

$$H = C_{P+M-1}^{M-1} \tag{5.11}$$

有 $H \leqslant N$，定义 $Y = \left\{\dfrac{0}{P}, \dfrac{1}{P}, \cdots, \dfrac{P+M-2}{P}\right\}$，然后对 Y 中元素进行 C_{P+M-1}^{M-1} 次排列组合构成 $\boldsymbol{Q}^* = [\boldsymbol{Q}_1^*, \boldsymbol{Q}_2^*, \cdots, \boldsymbol{Q}_H^*]$，其中 $\boldsymbol{Q}^*$ 中第 e 个组合 $\boldsymbol{Q}_e^*$ 由 $M-1$ 维向量构成，即 $\boldsymbol{Q}_e^* = (Q_{e,1}^*, Q_{e,2}^*, \cdots, Q_{e,M-1}^*)$，得出 $Q'_{e,m}$，即

$$Q'_{e,m} = Q_{e,m}^* - \frac{m-1}{P} \tag{5.12}$$

最后将 $Q'_{e,m}$ 代入式(5.13)，得出第 e 个参考点坐标 $Q_e = (Q_{e,1}, Q_{e,2}, \cdots, Q_{e,M})$，其中 $e = 1, 2, \cdots, H$。图 5.2 所示为 $P = 4, M = 3$ 时建立参考点过程，先计算出参考点个数 $H = 15$，然后对 $Y = \{0, 0.25, 0.5, 0.75, 1, 1.25\}$ 中的元素进行 C_6^2 次排列组合得到由 15 个 2 维向量构成的 $\boldsymbol{Q}^* = [\boldsymbol{Q}_1^*, \boldsymbol{Q}_2^*, \cdots, \boldsymbol{Q}_{15}^*]$，其中第 e 个组合 $\boldsymbol{Q}_e^* = (Q_{e,1}^*, Q_{e,2}^*)$，如图 5.2(a) 中所示，然后得出第 e 个参考点的第 m 个维度 $Q_{e,m}$，如图 5.2(b) 中所示，有

$$Q_{e,m} = \begin{cases} Q'_{e,m} - 0, & m = 1 \\ Q'_{e,m} - Q'_{e,m-1}, & 1 < m < M \\ 1 - Q'_{e,m-1}, & m = M \end{cases} \tag{5.13}$$

最后第 e 个参考点坐标 Q_e 如图 5.2(c) 中所示，其中 $Q_{e,m}$ 为第 e 个参考点的第 m 维坐标值。

b. 当 $M \geqslant 8$ 时，建立内外两层参考点，每个目标函数在外层和内层分割的份数分别设为 P_1 和 P_2，按照式(5.11)分别计算外层和内层参考点个数 H_1 和 H_2，参考点总数为内外两层参考点数量之和，且 $H_1 + H_2 \leqslant N$，根据 $M < 8$ 的计算过程得到

	$Q_{e,1}^{*}$	$Q_{e,2}^{*}$	Q_e^{*}
$e=1$	0	0.25	(0, 0.25)
$e=2$	0	0.5	(0, 0.5)
$e=3$	0	0.75	(0, 0.75)
$e=4$	0	1	(0, 1)
$e=5$	0	1.25	(0, 1.25)
$e=6$	0.25	0.5	(0.25, 0.5)
$e=7$	0.25	0.75	(0.25, 0.75)
$e=8$	0.25	1	(0.25, 1)
$e=9$	0.25	1.25	(0.25, 1.25)
$e=10$	0.5	0.75	(0.5, 0.75)
$e=11$	0.5	1	(0.5, 1)
$e=12$	0.5	1.25	(0.5, 1.25)
$e=13$	0.75	1	(0.75, 1)
$e=14$	0.75	1.25	(0.75, 1.25)
$e=15$	1	1.25	(1, 1.25)

(a) 生成 Q^{*}

	$Q_{e,1}$	$Q_{e,2}$	$Q_{e,3}$
$e=1$	0	0	1
$e=2$	0	0.25	0.75
$e=3$	0	0.5	0.5
$e=4$	0	0.75	0.25
$e=5$	0	1	0
$e=6$	0.25	0	0.75
$e=7$	0.25	0.25	0.5
$e=8$	0.25	0.5	0.25
$e=9$	0.25	0.75	0
$e=10$	0.5	0	0.5
$e=11$	0.5	0.25	0.25
$e=12$	0.5	0.5	0
$e=13$	0.75	0	0.25
$e=14$	0.75	0.25	0
$e=15$	1	0	0

(b) 参考点每一维数值

第 e 个参考点	$(Q_{e,1}, Q_{e,2}, Q_{e,3})$
Q_1	(0, 0, 1)
Q_2	(0, 0.25, 0.75)
Q_3	(0, 0.5, 0.5)
Q_4	(0, 0.75, 0.25)
Q_5	(0, 1, 0)
Q_6	(0.25, 0, 0.75)
Q_7	(0.25, 0.25, 0.75)
Q_8	(0.25, 0.5, 0.25)
Q_9	(0.25, 0.75, 0)
Q_{10}	(0.5, 0, 0.5)
Q_{11}	(0.5, 0.25, 0.25)
Q_{12}	(0.5, 0.5, 0)
Q_{13}	(0.75, 0, 0.25)
Q_{14}	(0.75, 0.25, 0)
Q_{15}	(1, 0, 0)

(c) 参考点坐标

图 5.2　$P=4, M=3$ 时建立参考点过程

H_1 个外层参考点坐标 Q_e，H_2 个内层参考点先根据 $M<8$ 的计算过程得到 Q_e 后，再计算出第 e 个内层参考点坐标 QL_e，有

$$\mathrm{QL}_e = \frac{1}{2} Q_e + \frac{1}{2M} \tag{5.14}$$

④ 关联操作。连接每个参考点与原点，即理想点连接，形成参考线，计算种群 Y_t 每个归一化后的种群个体到每条参考线的垂直距离，将每个个体归为距离最近的参考线对应的参考点。

⑤ 生成下一代父代水母。种群个体和参考点完成关联操作后，每个参考点关联的水母数量不确定，将第 e 个参考点在第 1 个到第 $l-1$ 个非支配层中关联的水母数目表示为 ρ_e，为保证种群良好的分布性，应选择 ρ_e 最小的参考点 q。若最小 ρ_e 对应多个参考点，则随机选择其中一个参考点作为 q 即可。参考点 q 在临界层中的关联的个体数量表示为 I_q。若 $I_q = \varnothing$，则重新选择参考点；若 $I_q \neq \varnothing$，则判断 ρ_q 是否为 0。若 $\rho_q = 0$，从 I_q 中选择距离最近的水母加入到下一代父代种群；若 $\rho_q \neq 0$，从 I_q 中随机选择一个水母加入到下一代父代种群。然后令 $\rho_q + 1$，重复以上操作，直到找到 K 个个体，满足种群数量 N。

5.4　改进 MOJS 算法步骤

改进的 MOJS 算法的步骤如下。

① 初始化迭代次数 $t=1$，定义最大迭代次数为 max Generation，设置参考点，采用基于快速随机搜索树的初始化策略得到初始种群 P_0，计算初始种群 P_0 的目标函数值，定义非支配解的数量为 N。

② 构建父代和子代种群，将初始种群个体作为算法的第一代父代个体，得到父代个体中所有个体在每一维目标上的最小值，构成当前父代的理想点 $I^{\min}$。

③ 随机设置各个目标函数的加权系数，将目标函数值进行加权，找出父代种群中的优质个体作为类最优 $X_{\text{better}}(t)$ 代替 $X^*(t)$ 来指引水母运动，删除精英种群和外部档案集，由父代个体 $X_{f\_i}(t)$ 代替精英成员 $\text{EL}\_X_i(t)$，从第一个父代个体开始更新水母位置。

④ 计算 $C(t)$ 值，如果 $C(t)$ 不小于 C_0，则算法转步骤 ⑤；如果 $C(t)$ 小于 C_0，则算法转步骤 ⑥。

⑤ 水母跟随洋流运动，父代个体产生子代个体。

⑥ 水母跟随水母群，如果 $\text{rand} > 1 - C(t)$，则水母进行 A 型运动，更新子代个体，否则水母进行 B 型运动，更新子代个体。

⑦ 所有子代个体的位置更新完成后，判断 rand 是否小于 $\dfrac{t}{\text{max Generation}}$。如果是，则使用反向学习策略更新子代个体位置，然后计算每个子代个体的目标函数值；否则，直接计算每个子代个体的目标函数值。

⑧ 生成子代以后，找出子代与父代中新的理想点，更新当前种群的理想点 $I^{\min}$。

⑨ 根据式(5.9)和式(5.10)得出归一化后的子代和父代个体，用快速非支配排序并且根据式(5.11)～(5.14)建立参考点，将当前子代和父代生成的所有个体进行择优选择，生成下一代父代种群，迭代次数 $t=t+1$，然后判断是否达到迭代停止条件。若是，则转步骤 ⑩；否则，进行新一轮的迭代，转步骤 ③。

⑩ 输出 Pareto 前沿。

5.5 改进 MOJS 的 MATLAB 实现

5.5.1 MOJS_improved 函数

以下为 MOJS_improved 函数的具体程序代码，此代码操作运行基于 PlatEMO 平台，且利用 PlatEMO 平台中 ALGORITHM 类提供的通用方法和属性，其中 Problem 和 Problem. model 中涉及的变量较多，为方便读者阅读，对代码中较为重要的变量进行注释说明，如图 5.3 和图 5.4 所示。

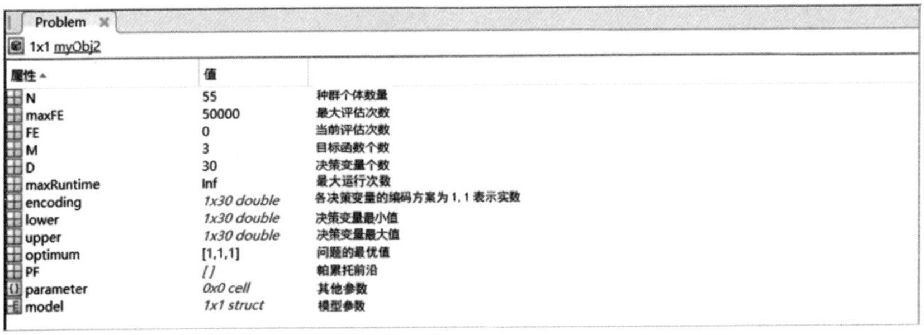

Problem

1x1 myObj2

属性	值	
N	55	种群个体数量
maxFE	50000	最大评估次数
FE	0	当前评估次数
M	3	目标函数个数
D	30	决策变量个数
maxRuntime	Inf	最大运行次数
encoding	1x30 double	各决策变量的编码方案为 1, 1 表示实数
lower	1x30 double	决策变量最小值
upper	1x30 double	决策变量最大值
optimum	[1,1,1]	问题的最优值
PF	[]	帕累托前沿
parameter	0x0 cell	其他参数
model	1x1 struct	模型参数

图 5.3 Problem 中包含的各个变量注释说明

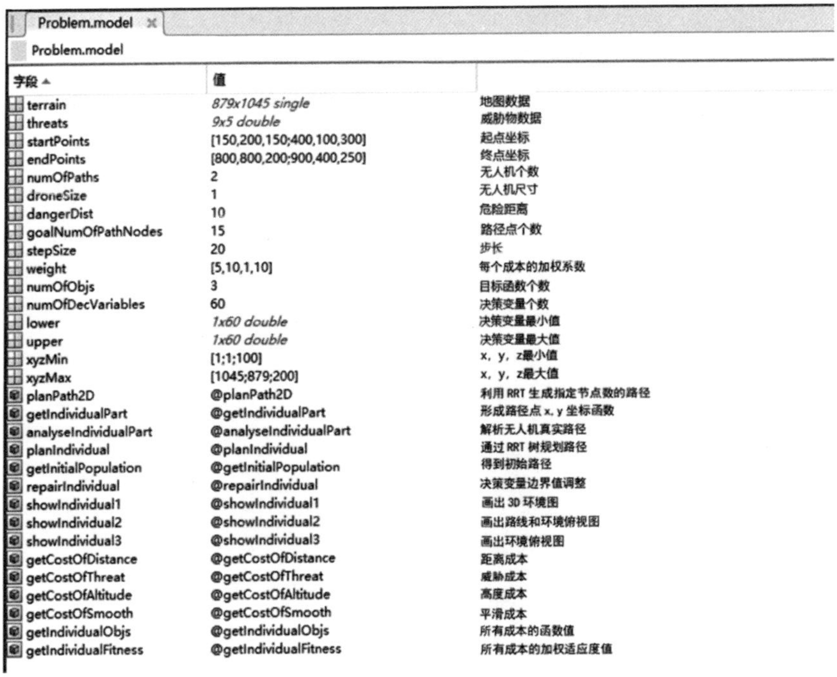

Problem.model

Problem.model

字段	值	
terrain	879x1045 single	地图数据
threats	9x5 double	威胁物数据
startPoints	[150,200,150;400,100,300]	起点坐标
endPoints	[800,800,200;900,400,250]	终点坐标
numOfPaths	2	无人机个数
droneSize	1	无人机尺寸
dangerDist	10	危险距离
goalNumOfPathNodes	15	路径点个数
stepSize	20	步长
weight	[5,10,1,10]	每个成本的加权系数
numOfObjs	3	目标函数个数
numOfDecVariables	60	决策变量个数
lower	1x60 double	决策变量最小值
upper	1x60 double	决策变量最大值
xyzMin	[1;1;100]	x, y, z最小值
xyzMax	[1045;879;200]	x, y, z最大值
planPath2D	@planPath2D	利用 RRT 生成指定节点数的路径
getIndividualPart	@getIndividualPart	形成路径点 x, y 坐标函数
analyseIndividualPart	@analyseIndividualPart	解析无人机真实路径
planIndividual	@planIndividual	通过 RRT 树规划路径
getInitialPopulation	@getInitialPopulation	得到初始路径
repairIndividual	@repairIndividual	决策变量边界值调整
showIndividual1	@showIndividual1	画出 3D 环境图
showIndividual2	@showIndividual2	画出路线和环境俯视图
showIndividual3	@showIndividual3	画出环境俯视图
getCostOfDistance	@getCostOfDistance	距离成本
getCostOfThreat	@getCostOfThreat	威胁成本
getCostOfAltitude	@getCostOfAltitude	高度成本
getCostOfSmooth	@getCostOfSmooth	平滑成本
getIndividualObjs	@getIndividualObjs	所有成本的函数值
getIndividualFitness	@getIndividualFitness	所有成本的加权适应度值

图 5.4 Problem. model 中各个变量注释说明

classdef MOJS_improved < ALGORITHM

methods
function main(Algorithm,Problem)
　　%% Parameter setting
　　　　　　maxGeneration = Problem. maxFE / Problem. N;% 设置最大迭代次数
　　　　　　[Z,Problem. N] = UniformPoint(Problem. N, Problem. M);% 生成均匀分布
的参考点 Z
　　　　　　model = Problem. model;% 获取问题的模型
　　　　　　PopDec = model. getInitialPopulation(Problem. N, model);% 初始化种群,使用
模型的 getInitialPopulation 方法初始化种群的决策变量。
　　　　　　Population = Problem. Evaluation(Pop Dec);% 对种群计算目标函数判断是否超
出边界值,计算约束条件
　　　　　　Zmin = min(Population(all(Population. cons <= 0,2)). objs,[],1);% 计算种
群中满足约束条件的个体的目标函数值的最小值 Zmin 作为理想点

　　　　　　t = 1;% 初始化迭代次数
　　%% Optimization
　　　　% 使用多目标优化算法对种群进行迭代优化,直到满足终止条件为止。在每次迭
代中,根据当前父代种群和全局最优解,使用 Operator JS 函数生成子代个体。然后更新理想点
和下一代父代种群,继续下一次迭代
while Algorithm. NotTerminated(Population)
　　　　　　[gBestIndividual] = UpdateGBestIndividual(Population);% 目标函数加权
后的最优个体作为算法中的全局最优解
　　　　　　PopulationCopy　　=　　SOLUTION(Population. decs,　　Population. objs,
Population. cons);% 并且通过该类的方法获取解的相关信息,如决策变量矩阵、目标函数值矩
阵、约束冲突矩阵
　　　　　　[Offspring] = Operator JS(Problem, PopulationCopy, gBestIndividual, t,
maxGeneration);% 使用 Operator JS 方法生成子代个体
　　　　　　Zmin　　　　 = 　　min([Zmin; Offspring(all(Offspring. cons <= 0,2)).
objs],[],1);% 找出子代和父代中新的理想点,更新理想点 Zmin
　　　　　　Population = EnvironmentalSelection2([Population,Offspring], Problem.
N, Z, Zmin);% 将子代、父代、理想点、参考点和非支配解个数代入 EnvironmentalSelection2 函
数,根据子代和父代择优选择以及参考点策略选出 N 个种群个体 Population 作为新的父代进行
下一次迭代

$$t = t + 1;\% \text{迭代次数加} 1$$

end

end

end

end

5.5.2　EnvironmentalSelection 2 函数

下面给出 EnvironmentalSelection 2 函数的具体程序,该程序是环境选择函数,通过子代父代择优选择策略和参考点策略,选出新的父代水母进行迭代。

function Population = EnvironmentalSelection 2(Population, N, Z, Zmin)

% 此函数用子代和父代择优选择以及参考点策略选出 N 个种群个体 Population 作为新的父代进行下一次迭代

if isempty(Zmin) % 如果数组 Zmin 不为空

　　　　Zmin = ones(1, size(Z, 2)); % 将 Zmin 先设为全部为 1 的矩阵

end

%% 非支配排序

　　[FrontNo, MaxFNo] = NDSort(Population. objs, Population. cons, N); % 通过调用 NDSort 函数进行非支配排序

　　Next = FrontNo < MaxFNo; % 将非支配层数小于最大非支配层的解的值设为 1 赋给逻辑向量 Next,否则设为 0 赋给逻辑向量 Next

%% 选择最后一个非支配层中的解填补非支配个数的空缺

　　Last　　= find(FrontNo == MaxFNo); % 找到在最后一个非支配层的解

　　Choose = LastSelection(Population(Next). objs, Population(Last). objs, N − sum(Next), Z, Zmin); % 调用 LastSelection 函数,找出 N − sum(Next) 个非支配解,将找出的非支配解加入到 Next 中,成为下一次迭代的父代

　　Next(Last(Choose)) = true; % 将在最后一个非支配层选择的解的 Next 值设为 1

　　Population = Population(Next); % 将 Next 中为 1 的值存入 Population 中作为下一次迭代的父代

end

function Choose = LastSelection(PopObj1, PopObj2, K, Z, Zmin)

% 根据解与参考点的接近程度从最后一层选择一部分解,PopObj1 为选中的非支配解,PopObj2 为最后一个非支配层的解,K 为需要填补的非支配解个数,Z 为参考点,Zmin 为理想点

PopObj = [PopObj1;PopObj2] − repmat(Zmin,size(PopObj1,1) + size(PopObj2,1), 1);% 将矩阵 PopObj1 和 PopObj2 拼接在一起,然后减去一个大小为(size(PopObj1,1) + size(PopObj2,1))×1 的矩阵 Zmin

[N,M]　 = size(PopObj);% 获取矩阵 PopObj 的大小,其中 N 表示行数,M 表示列数

N1　　 = size(PopObj1,1);% 获取矩阵 PopObj1 的行数

N2　　 = size(PopObj2,1);% 获取矩阵 PopObj2 的行数

NZ　　 = size(Z,1);% 获取矩阵 Z 的行数

%% 所有个体归一化

% 找出额外点

Extreme = zeros(1,M);% 先将额外点设为 1 行 M 列的零矩阵

w　　　 = zeros(M)+1e−6+eye(M);% 初始化了一个大小为 M 的方阵 w,其中所有元素都设置为 1e−6,对角线元素设置为 1,zeros 函数创建一个零矩阵,eye 函数创建一个单位矩阵。+ 运算符对两个矩阵进行逐元素相加。结果矩阵 w 的对角线元素等于 1,其余元素都接近零

for i = 1 : M% 开始一个循环,循环变量 i 的取值范围是 1 到 M

　　[∼,Extreme(i)] = min(max(PopObj./repmat(w(i,:),N,1),[],2));% 对矩阵 PopObj 按列进行除法运算,取每行的最大值。然后找到最大值中的最小值,并将其索引赋值给额外点 Extreme(i)。

end

　　Hyperplane = PopObj(Extreme,:)\ones(M,1);% 计算由额外点和坐标轴构成的超平面的截距

　　a = 1./Hyperplane;% 计算超平面的截距的倒数

if any(isnan(a))% 判断 a 中是否存在 NaN 值

　　a = max(PopObj,[],1)';% 如果存在 NaN 值,则将 a 设置为 PopObj 中每列的最大值

end

% 将所有个体的目标值归一化

　　PopObj = PopObj./repmat(a',N,1);% 对矩阵 PopObj 进行归一化处理,即将每个元素除以 a 的转置矩阵的每个元素

%% 将参考点和非支配解联系起来

% 计算每一个非支配解到参考点的距离

　　Cosine　 = 1 − pdist2(PopObj,Z,'cosine');%Z 是指参考点,使用 pdist2 函数计算矩阵 PopObj 与 Z 之间的余弦距离

　　Distance = repmat(sqrt(sum(PopObj.^2,2)),1,NZ).* sqrt(1−Cosine.^2);% 根据余弦距离计算每个解与参考点之间的距离

[d,pi] = min(Distance',[],1);% 将每个解与参考点之间的距离进行比较,找到最小距离,并记录对应的索引 pi

rho = hist(pi(1:N1),1:NZ);% 计算 pi(1:N1) 中每个元素在 1:NZ 范围内的直方图

%% Environmental selection 环境选择

Choose = false(1,N2);% 创建一个大小为 1×N2 的逻辑数组 Choose,所有元素都设置为 false

Zchoose = true(1,NZ);% 创建一个大小为 1×NZ 的逻辑数组 Zchoose,所有元素都设置为 true

% 一次次循环找出 K 个解

while sum(Choose) < K

% 选择参考点附近的非支配解

Temp = find(Zchoose);% 找到逻辑数组 Zchoose 中值为 true 的元素的索引。

Jmin = find(rho(Temp) == min(rho(Temp)));% 找到 rho(Temp) 中最小值的索引赋值给 Jmin

j   = Temp(Jmin(randi(length(Jmin))));% 从 Temp 中随机选择一个索引,并将其对应的值赋给 j

I   = find(Choose == 0 & pi(N1+1:end) == j);% 找到满足 Choose == 0 和 pi(N1+1:end) == j 条件的索引

% 选择这个参考点的一个非支配解

if ~ isempty(I)% 判断 I 是否为空

if rho(j) == 0% 判断 rho(j) 是否等于 0

[~,s] = min(d(N1+I));% 如果 rho(j) 等于 0,则找到 d(N1+I) 中的最小值,并将其索引赋给 s

else

s = randi(length(I));% 否则,从 I 中随机选择一个索引,并将其赋给 s

end

Choose(I(s)) = true;% 将 Choose(I(s)) 设置为 true

rho(j) = rho(j) + 1;% 将 rho(j) 的值加 1

else

Zchoose(j) = false;% 否则,将 Zchoose(j) 设置为 false,这个参考点将不再考虑

end

end

end

5.5.3 目标函数代码

下面给出 MyCost 函数的具体程序,该程序是无人机路径规划设置的四个成

本目标函数的代码,用来计算四个成本目标函数的适应度值。

```
function cost = MyCost(Xbest,model)
% 此代码是无人机路径规划四个目标函数的代码
    sol = SphericalToCart(Xbest,model);% 调用 SphericalToCart 函数将放入球矢量坐标系中
的无人机路径点转换成直角坐标系
    J_inf = inf;% 撞击到威胁物,则威胁系数为 inf
    n = model.n;% 将设置的路径点个数赋给 n
    H = model.H;% 将设置的高度赋给 H

    % 将每个路径点在直角坐标系中的位置分别赋给 x、y、z
    x = sol.x;
    y = sol.y;
    z = sol.z;

    % 起点的坐标
    xs = model.start(1);
    ys = model.start(2);
    zs = model.start(3);

    % 终点的坐标
    xf = model.end(1);
    yf = model.end(2);
    zf = model.end(3);

    % 将起点、终点和路径点的 x、y、z 值分别合并在一起成为完整的路径,分别赋给 x_all、
y_all、z_all
    x_all = [xs x xf];
    y_all = [ys y yf];
    z_all = [zs z zf];

    N = size(x_all,2);% 路径点个数

    % 高度 = 地面高度 + 相对高度
    z_abs = zeros(1,N);
    [Hrmax,Hcmax] = size(H);
```

```
        for i = 1:N
%          z_abs(i) = z_all(i) + H(round(y_all(i)),round(x_all(i)));
            yid = abs(round(y_all(i)));% 对所有路径点的 y 值进行四舍五入
        if yid == 0% 如果四舍五入后的 y 值等于 0
            yid = 1;% 则将 y 值赋为 1
        end
        if isnan(yid))% TF = isnan(A) 返回一个逻辑数组,其中的 1(true) 对应 A 中的 NaN 元素,
0 (false) 对应其他元素。如果 A 包含复数,则 isnan(A) 中的 1 对应实部或虚部为 NaN 值的元
素,0 对应实部和虚部均非 NaN 值的元素。
            yid = randi(Hrmax);% 如果 yid 中有 NaN 值,则将返回一个介于 1 与 Hrmax 之间的伪
随机整数标量进行替换
        end
        if yid > Hrmax% 如果 yid 的值大于 Hrmax
            yid = Hrmax;% 则将 yid 的值赋为 Hrmax
        end
xid = abs(round(x_all(i)));% 对所有路径点的 x 值进行四舍五入
if xid == 0% 如果四舍五入后的 x 值等于 0
   xid = 1;% 则将 x 值赋为 1
end
if isnan(xid)
   xid = randi(Hcmax);% 如果 xid 中有 NaN 值,则将返回一个介于 1 与 Hcmax 之间的伪随机
整数标量进行替换
end
if xid > Hcmax% 如果 xid 的值大于 Hcmax
    xid = Hcmax;% 则将 xid 的值赋为 Hcmax
end
   z_abs(1,i) = z_all(i) + H(yid,xid);% 高度 = 地面高度 + 相对高度


   end


   % J1 为路径成本
   J1 = 0;% 先将路径成本设为 0
   for i = 1:N-1
       diff = [x_all(i+1) - x_all(i);y_all(i+1) - y_all(i);z_abs(i+1) - z_abs(i)];% 计
算相邻路径点之间的差值赋给 diff
       J1 = J1 + norm(diff);% 求和赋给 J1
```

end

％ J2 为威胁成本
threats = model. threats;％ 将设置威胁物的各个参数赋给 threats
threat_num = size(threats,1);％ 威胁物的个数赋给 threat_num

drone_size = 1;％ 无人机尺寸为 1 赋给 drone_size
danger_dist = 10 * drone_size;％ 危险距离设为 10 * drone_size

J2 = 0;％ 先将威胁成本设为 0
for i = 1:threat_num％ 威胁物的个数为 i
　　threat = threats(i,:);％ 将每个威胁的参数赋给 threat
　　threat_x = threat(1);％ 威胁物的 x 值
　　threat_y = threat(2);％ 威胁物的 y 值
　　threat_radius = threat(4);％ 威胁物的半径
　　for j = 1:N－1
　　　　dist = DistP2S([threat_x threat_y],[x_all(j) y_all(j)],[x_all(j + 1) y_all(j + 1)]);％ 每个相邻路径点之间的距离与威胁物之间的距离赋给 dist
　　　　if dist > (threat_radius + drone_size + danger_dist) ％ 如果 dist 大于威胁距离 (threat_radius + drone_size + danger_dist)
　　　　　　threat_cost = 0;％ 威胁成本为 0
　　　　elseif dist < (threat_radius + drone_size) 　 ％ 如果 dist 小于威胁距离 (threat_radius + drone_size)
　　　　　　threat_cost = J_inf;％ 威胁成本为 inf
　　　　else ％ 如果威胁距离在 0 与 inf 之间
　　　　　　threat_cost = (threat_radius + drone_size + danger_dist) － dist;％ 威胁成本为(threat_radius + drone_size + danger_dist) 减去威胁距离
　　　　end
　　　　J2 = J2 + threat_cost;％ 将每段路径的威胁成本求和计算出每条路径的整个威胁成本
　　end
end

％ J3 为高度成本
％ 注意：在计算中，z、zmin 和 zmax 是相对地面的高度
zmax = model. zmax;％ 高度的最大值

```matlab
zmin = model. zmin; % 高度的最小值
J3 = 0; % 先将高度成本设为 0
for i = 1:n % 计算除终点和起点外的路径点的高度
    if z(i) < 0    % 高度为负
        J3_node = J_inf; % 高度成本为 inf
    else    % 高度为正
        J3_node = abs(z(i) - (zmax + zmin)/2); % 高度成本为 z(i) - (zmax +
zmin)/2 的绝对值
    end

    J3 = J3 + J3_node; % 将高度成本累加
end


% J4 为平滑成本
J4 = 0; % 先将平滑成本设为 0
turning_max = 45; % 最大转弯角为 45°
climb_max = 45; % 最大俯仰角为 45°
for i = 1:N-2

    for j = i:-1:1
        segment1_proj = [x_all(j+1); y_all(j+1); 0] - [x_all(j); y_all(j); 0]; % 计
算相邻路径点位置在水平面上的差值
        if nnz(segment1_proj) ~= 0 % 矩阵 segment1_proj 中的非零元素数不为 0
            break; % 跳出循环
        end
    end

    for j = i:N-2
        segment2_proj = [x_all(j+2); y_all(j+2); 0] - [x_all(j+1); y_all(j+1); 0];
% 计算相邻路径点位置在水平面上的差值
        if nnz(segment2_proj) ~= 0 % 矩阵 segment2_proj 中的非零元素数不为 0
            break; % 跳出循环
        end
    end

    climb_angle1 = atan2d(z_abs(i+1) - z_abs(i), norm(segment1_proj)); % 俯仰角 1
```

climb_angle2 = atan2d(z_abs(i+2) − z_abs(i+1), norm(segment2_proj));% 俯仰角 2

turning_angle = atan2d(norm(cross(segment1_proj, segment2_proj)), dot(segment1_proj, segment2_proj));% 根据公式计算转弯角赋值给 turning_angle

if abs(turning_angle) > turning_max% 如果转弯角大于设置的最大值
　　J4 = J4 + abs(turning_angle);% 计算平滑成本
end
if abs(climb_angle2 − climb_angle1) > climb_max% 如果俯仰角大于设置的最大值
　　J4 = J4 + abs(climb_angle2 − climb_angle1);% 计算平滑成本

end

end
b1 = 5;% 路径成本的权重系数
b2 = 1;% 威胁成本的权重系数
b3 = 10;% 高度成本的权重系数
b4 = 1;% 平滑成本的权重系数
% Overall cost
cost = b1 * J1 + b2 * J2 + b3 * J3 + b4 * J4;% 根据权重系数将成本进行加权
%　　disp(['cost = ', num2str(cost), ' J1 = ', num2str(J1), ' J2 = ', num2str(J2), ' J3 = ', num2str(J3), ' J4 = ', num2str(J4)]);
end

5.5.4　getPathByRrt 函数

下面给出 getPathByRrt 函数的具体程序,该程序通过快速随机搜索树的初始化策略生成初始种群。

function[path, rrTree] = getPathByRrt(mapSize, threats, droneSize, stepSize, startPoint, endPoint)
% 输入地图的尺寸 mapSize,威胁物的参数 threat,无人机尺寸 droneSize,步长 stepSize,起始点 startPoint,终点 endPoint;输出 RRT 路径
threshold = step Size;% 步长设置为阈值
maxFailedAttempts = 10000;% 最大采样失败次数
rrTree = double([startPoint −1]);% 将起始点设为 RRT 树的根结点,并设置根结点的节点值为 −1,将 RRT 树的节点存储在 rr Tree 中

failedAttempts = 0;% 设置初始搜索次数为 0

while failedAttempts <= maxFailedAttempts % 如果采样失败次数未达到最大失败次数

if rand <= 0.5% 随机值如果不超过 0.5

rPoint = rand(1, 2) . * mapSize;% 在地图范围内随机产生一个采样点

else% 若随机值大于 0.5

rPoint = endPoint;% 以终点为采样点

end

distanceArray = distanceCost(rrTree(:, 1:2), rPoint);% 计算采样点 rPoint 与 RRT 树节点的距离

[A, I] = min(distanceArray ,[ ],1);% 找出 RRT 树中最接近采样点 rPoint 的节点,将此节点对应的索引赋给 I

closestNode = rrTree(I(1), 1: 2);% 最近点的坐标值赋给 closestNode

%% 从 closest Node 向 rPoint 移动一段增量距离

theta = atan2(rPoint(2) − closestNode(2), rPoint(1) − closestNode(1));% 扩展节点的方向

newPoint = floor(closestNode + 1 * stepSize * [cos(theta) sin(theta)]);% 对新节点的坐标值四舍五入赋给 newPoint

if checkPath(closestNode, newPoint, threats, droneSize) == 0 % 对新节点进行碰撞检测,若碰撞搜索次数加 1

failedAttempts = failedAttempts + 1;% 采样失败次数加 1

continue;

end

if distanceCost(newPoint, endPoint) < threshold % 如果新节点离终点的距离小于阈值

rrTree = [rrTree; newPoint I(1)];% 将新节点加入到 RRT 树中

pathFound = true;% pathFound 的逻辑值为 1

break;

end

distanceArray = distanceCost(rrTree(:, 1: 2), newPoint);% 计算新节点 newPoint 与 RRT 树节点的距离赋给 distanceArray

[A, I2] = min(distanceArray,[ ],1);% 找出 distanceArray 最小值,将最小值对应的索引赋给 I2

if distanceCost(newPoint, rrTree(I2(1), 1: 2)) < threshold / 2 % 设置新节点与 RRT 树当前节点之间的距离阈值为 threshold / 2,若小于该阈值,则认为新节点已经存在于 RRT 树中,不放

入 RRT 树

failedAttempts = failedAttempts + 1;% 采样失败次数加 1

continue;

end

rrTree = [rrTree; newPoint I(1)];% 如果新节点不在当前的 RRT 树中,则在 RRT 树中加入新节点

failedAttempts = 0;% 采样失败次数为 0

end

if pathFound% 如果新节点离终点的距离小于阈值,pathFound 的逻辑值为 1

rrTree = [rrTree; endPoint size(rrTree, 1)];% 将终点设置为 RRT 树的最后节点

end

path = endPoint;% RRT 树的终点赋给 path,作为可行路径的终点

prev = I(1);% 将 RRT 树中最接近采样点 rPoint 的节点对应的索引赋给 prev

while prev > 0% 如果 prev 值大于 0

path = [rrTree(prev, 1:2); path];% 将 RRT 树中对应索引的节点添加到可行路径 path 中

prev = rrTree(prev, 3);%prev 变为可行路径下一个路径节点的索引值

end

end

function h = distanceCost(a, b)

% 该函数计算距离

h = sqrt(sum((a − b).^2, 2));% 计算 a 和 b 的距离

end

5.5.5　checkPath 函数

下面给出 checkPath 函数的具体程序,该函数用于判断路径点是否碰撞到障碍物。

function[flag] = checkPath(point1, point2, threats, droneSize)

% 该函数用来对新节点进行碰撞检测

flag = 1;% flag 为碰撞检测标志,flag 为 1 表示未碰撞,否则为碰撞。预设 flag 为 1

fori = 1:size(threats, 1)% 从第一个威胁物开始进行碰撞检测

threat = threats(i, :);% 第一个威胁物参数赋值给 threat

threat X = threat(1);% 威胁物的横坐标值

threat Y = threat(2);% 威胁物的纵坐标值

```
threat R = threat(3);% 威胁物的半径
dist = DistP2S([threatX threatY], point1, point2);% 计算点到段之间的最小距离
ifdist < (threatR + droneSize) % 碰撞
flag = 0;%flag 为 0 表示碰撞
break;
end
end
end
```

5.5.6　DistP2S 函数

下面给出 DistP2S 函数的具体程序,该函数用于计算障碍物中心坐标到两个路径点所连接的航迹段的最小距离。

```
function dist = DistP2S(x, a, b)
% 该函数计算点到线的最小距离
d_ab = norm(a−b);% 计算 a−b 的二范数,d_ab 表示 a 和 b 的距离
d_ax = norm(a−x);% 计算 a−x 的二范数,d_ax 表示 a 和 x 的距离
d_bx = norm(b−x);% 计算 b−x 的二范数,d_bx 表示 b 和 x 的距离
if d_ab ∼= 0% 如果 a 和 b 的距离不为 0
if dot(a−b,x−b) * dot(b−a,x−a) >= 0% 点到线的距离公式,距离赋值给 dist
A = [b−a;x−a];
dist = abs(det(A))/d_ab;
else
dist = min(d_ax, d_bx);%d_ax 和 d_bx 的最小值赋给 dist
end
else% 如果 a 点和 b 点是一样的
dist = d_ax;%d_ax 的值赋给 dist
end
end
```

5.5.7　UniformPoint 函数

下面给出 UniformPoint 函数的具体程序,该函数用来建立参考点。

```
function[W,N] = UniformPoint(N,M,method)
% 此函数建立参考点
if nargin < 3% 若输入参数数目小于 3
method = 'NBI';% 采用法向边界交叉口(normal-boundary intersection,NBI) 方法
end
```

[W,N] = feval(method,N,M);% 使用 method 中对应的函数及输入参数 N、M 来计算函数的
结果
end

function[W,N] = NBI(N,M)
%NBI 方法
H1 = 1;% H1 表示外层在每个目标函数方向上分割的份数,预设为 1
while nchoosek(H1+M−1,M−1) <= N% 参考点的个数要接近种群个数
H1 = H1+1;% 若参考点的个数不超过种群个数,则 H1 加 1
end
W = nchoosek(1:H1+M−1,M−1) − repmat(0:M−2,nchoosek(H1+M−1,M−1),1) −
1;% 根据式(5.12),$Q'_{e,m}$ 赋给外层参考点 W
W = ([W,zeros(size(W,1),1)+H1] − [zeros(size(W,1),1),W])/H1;% 根据式(5.13)得出
$Q_{e,m}$,赋给外层参考点 W
if H1 < M% 如果 H1 小于目标函数值
H2 = 0;%H2 表示内层每个目标函数方向上分割的份数,预设为 0
while nchoosek(H1+M−1,M−1)+nchoosek(H2+M−1,M−1) <= N% 如果内层和外层
参考点个数不超过 N
H2 = H2+1;% 若参考点的个数不超过种群个数,则 H2 加 1
end
if H2 > 0% 若 H2 大于 0
W2 = nchoosek(1:H2+M−1,M−1) − repmat(0:M−2,nchoosek(H2+M−1,M−1),1) −
1;% 按照式(5.12)得出$Q'_{e,m}$赋给内层参考点 W2
W2 = ([W2,zeros(size(W2,1),1)+H2] − [zeros(size(W2,1),1),W2])/H2;% 根据式(5.13)
产生的外层参考点赋给内层参考点 W2
W = [W;W2/2+1/(2*M)];% 根据式(5.14)计算内层中间参考点QL_e,整合内层外层参考点
为最终参考点 W
end
end
W = max(W,1e−6);% 将 W 矩阵中所有小于等于10^{-6}的元素替换为10^{-6},保证均匀分布
点在单位超平面上有效
N = size(W,1);%W 的个数赋给 N,N 表示为种群数量
end

5.5.8　OperatorJS 函数

下面给出 OperatorJS 函数的具体程序,它是改进后的多目标水母搜索算法的

整体算法框架代码。

```
function[newPopulation] = OperatorJS(Problem, Population, gBestIndividual, t, maxGeneration)
% 改进的 MOJS 算法
numOfDecVariables = Problem. D;% 维度
populationSize = Problem. N;% 种群数量
populationDecs = Population. decs;% 父代种群的坐标值
newPopulationDecs = zeros(size(populationDecs));% 将子代水母的坐标值预设为 0
Ct = abs((1 - t / maxGeneration) * (2 * rand() - 1));% 时间控制机制
if Ct >= 0.5% 如果时间控制机制超过 0.5
meanDecs = mean(populationDecs);% 求出父代种群的平均值
for i = 1: populationSize
newPopulationDecs(i, :) = populationDecs(i,:) + Levy(numOfDecVariables) . * (gBestIndividual. dec - 3 * rand([1numOfDecVariables]) . * meanDecs);% 根据洋流运动产生子代水母的位置
end
else% 否则根据水母群运动
for i = 1: populationSize
if rand() < 1 - Ct% 水母进行主动运动与 MOJS 算法过程一样
j = i;
while j == i
j = randperm(populationSize, 1);
end
Step = populationDecs(i,:) - populationDecs(j,:);
if isDominate(Population(j). obj, Population(i). obj)
Step = -Step;
end
newPopulationDecs(i, :) = gBestIndividual. dec + rand([1numOfDecVariables]) . * Step;% 主动运动产生子代水母的位置
else% 水母进行被动运动与 MOJS 算法过程一样
newPopulationDecs(i, :) = gBestIndividual. dec + Levy(numOfDecVariables) . * (populationDecs(i,:) - gBestIndividual. dec);% 被动运动产生的子代水母的位置
end
end
end
```

```
if rand() < t / maxGeneration% 反向学习策略
for i = 1: populationSize
newPopulationDecs(i, :) = Problem. upper + Problem. lower - newPopulationDecs(i, :);%
```
根据反向学习策略的式(4.16)对每个子代水母的位置进行调整
```
end
end
if rand() > 0.5
for i = 1: populationSize
newPopulationDecs(i, :) = repairIndividual1(newPopulationDecs(i, :), Problem. lower,
Problem. upper);%
```
调用 repairIndividual1 函数,将超过边界值的子代水母位置设置为边界值,从而保证每个子代水母的位置在决策变量范围之内,输入所有子代水母的位置 newPopulationDecs、最小范围 var_min 和最大范围 var_max,输出的 newPopulationDecs 为子代水母调整后的新位置
```
end
else
for i = 1: populationSize
newPopulationDecs(i, :) = repairIndividual2(newPopulationDecs(i, :), Problem. lower,
Problem. upper);
```
% 调用 repairIndividual2 函数将超过边界值的子代水母重新调整位置,输入所有子代水母的位置 newPopulationDecs、最小范围 Problem. lower 和最大范围 Problem. upper,输出的 newPopulationDecs 为子代水母调整后的位置
```
end
end
newPopulation = Problem. Evaluation(newPopulationDecs);%
```
调整过后的子代水母的位置存储在 newPopulation 中
```
end


function[newIndividual] = repairIndividual1(individual, lower, upper)
newIndividual = individual;%
```
子代水母的位置赋给 new Individual
```
newIndividual = max(newIndividual, lower);%
```
保证每一个子代水母的位置的每一维不超过定义的最小值
```
newIndividual = min(newIndividual, upper);%
```
保证每一个子代水母的位置的每一维不超过定义的最大值
```
end


function[newIndividual] = repairIndividual2(individual, lower, upper)
```

newIndividual = individual;％子代水母的位置赋给 newIndividual

I = newIndividual < lower;％判断水母的位置 newIndividual 中的每一维是否超过了下边界，如果超过了下边界，则 I 中相应的维度取值为 1，I 为 $1 \times$ Problem. D 维向量

while sum(I) ～= 0％如果求出 I 的总和不等于 0，则第 i 只水母的位置中存在某一维超过了下边界，因此进入循环，直到第 i 只水母位置的每一维都在边界中

newIndividual(I) = upper(I) + (newIndividual(I) − lower(I));％将第 i 只水母的位置进行重设，不能超过下边界

I = newIndividual < lower;％若第 i 只水母位置的每一维都在边界中，则跳出循环，否则继续循环

end

J = newIndividual > upper;％判断水母的位置 newIndividual 中的每一维是否超过了上边界，如果超过了下边界，则 J 中相应的维度取值为 1，J 为 $1 \times$ Problem. D 维向量

while sum(J) ～= 0％如果求出 J 的总和不等于 0，则第 i 只水母的位置中存在某一维超过了上边界，因此进入循环，直到第 i 只水母位置的每一维都在边界中

newIndividual(J) = lower(J) + (newIndividual(J) − upper(J));％将第 i 只水母的位置进行重设，不能超过上边界

J = newIndividual > upper;％若第 i 只水母位置的每一维都在边界中，则跳出循环，否则继续循环

end

end

5.5.9　UpdateGBestIndividual 函数

下面给出 UpdateGBestIndividual 函数的具体程序，它通过各目标函数加权方式找出类最优个体作为全局最优解，引导种群中其他水母运动。

function[gBestIndividual] = UpdateGBestIndividual(Population)

％该函数确定全局最优解

populationObjs = Population. objs;％将种群的目标函数值赋值给 populationObjs

populationObjs = normalize(populationObjs,′range′);％将目标函数值进行归一化

[populationSize, numOfObjective] = size(populationObjs);％目标函数个数赋给 numOfObjective，种群数量赋给 populationSize

pk = rand(1, numOfObjective);％随机设置各个目标函数的权重系数

wk = pk′ / sum(pk);％各目标函数权重

tempBest = populationObjs(1, :);％将第一个水母归一化后的目标函数值赋给全局最优解 tempBest

index = 1;％全局最优解的索引值

％将目标值进行加权，找出全局最优解

```
for i = 2: population Size
if tempBest * wk > populationObjs(i, :) * wk% 若种群中的某一水母加权后的适应度值比
当前的全局最优解更优
tempBest = populationObjs(i, :);% 更换全局最优解为适应度值更优的水母
index = i;% 更换全局最优解的索引值
end
end
gBestIndividual = Population(index);% 目标函数加权后的最优个体赋给 gBestIndividual
end
```

第三单元 森林优化算法及其改进

第6章 森林优化算法和特征选择的森林优化算法

6.1 森林优化算法

6.1.1 基本思想

受大自然森林演变过程的启发,2014 年由 Ghaemi 和 Feizi-Derakhshi 提出了一种基于树木播种的演化算法 —— 森林优化算法(forest optimization algorithm,FOA)[7]。该算法模拟森林演变过程,树木通过自然媒介将种子带到安全且适合生长的地方繁衍生息。随着树木的生长,"物竞天择,适者生存"的自然法则会导致部分树木衰老或死亡,而滋生的新树与森林中的其他树木共同争夺资源,参与森林的演化过程。Ghaemi 等将森林优化算法用于解决连续非线性优化问题,在四个函数上测试 FOA 的性能,并将特征权重作为一个实际的优化问题进行了测试。结果表明,与遗传算法和粒子群算法相比,FOA 需要较少的评估次数,便可具有较高的准确率。

6.1.2 森林优化算法的方法原理及程序框图

森林优化算法主要由初始化森林、局部播种、森林规模限制、全局播种和更新最优树五部分组成。图 6.1 所示为 FOA 的流程图。每部分的方法原理如下。

1.初始化森林

由[0,1]之间的随机数将每个特征赋值,从而完成森林的初始化。其中,森林规模由 area limit 函数决定,每棵树的长度为 $1 \times (D+1)$,可表示为 $\mathbf{Tree} = [Age, v_1, v_2, \cdots, v_D]$,$D$ 为特征维度,v_D 表示第 D 维的特征值,Age 为树龄,初始化生成的树木年龄为 0。

2.局部播种

该阶段模拟树木播种时,部分种子落在树木附近,生长出的小树与其他树木争

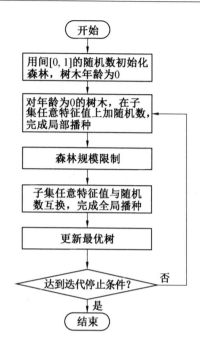

图 6.1 FOA 的流程图

夺资源这一过程。该阶段仅对森林中年龄为 0 的树木播种,每棵树木随机选取 LSC 个特征,每被选特征的特征值加上一个小的随机变量 r 后生成一棵年龄为 0 的新树,添加到森林中,而旧树的年龄加 1。其中,$r \in [-\Delta x, \Delta x]$,$\Delta x$ 是小于变量上限的一个值。LSC = 2 时的局部播种过程如图 6.2 所示。粗实线所标特征表示被选特征,粗虚线所标特征表示经局部播种后的特征。r 和 r' 均为 $[-\Delta x, \Delta x]$ 内的数值。

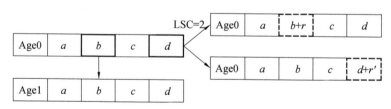

图 6.2 LSC = 2 时的局部播种过程

3.森林规模限制

由于局部播种阶段生成大量的树木,因此需要通过 life time 函数和 area limit 函数对森林规模进行限制。首先,将年龄超过 life time 的树木从森林中移除,放入候选森林;然后,根据适应度值将树木由大到小排序,将超过区域上限 area limit 且适应度值更小的树木放入候选森林。

4. 全局播种

根据 transfer rate 值,从候选种群中随机选择若干树木用于全局播种。每棵树木随机选择 GSC 个特征,每个被选特征的特征值与相关变量范围内的另一随机变量值 r 进行交换,每棵旧树仅生成一棵年龄为 0 的新树。以 GSC＝2 为例,GSC＝2 时的全局播种过程如图 6.3 所示。其中,r 和 r' 均为 $[-\Delta x, \Delta x]$ 内的数值。粗实线所标特征表示被选特征,粗虚线所标特征表示经全局播种后的特征。

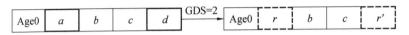

图 6.3　GSC＝2 时的全局播种过程

5. 更新最优树

根据适应度值对树木排序,选择适应度值最高的树作为最优树,并将其年龄置 0,重新放入森林中。

6.2　特征选择的森林优化算法

6.2.1　基本思想

在分析数据集的过程中,并不是所有的数据都是有用且相关的,不相关或冗余数据会影响算法的分类精度和维度缩减。因此,利用特征选择处理数据就显得尤为重要。2016 年,Ghaemi 和 Feizi-Derakhshi 将 FOA 应用于特征选择问题中,提出特征选择的森林优化算法(feature selection using forest optimization algorithm, FSFOA)[8],在初始化、局部播种和全局播种方面进行了改进,用于解决离散型优化问题,并在 SVM、KNN、J48 等分类器上对 15 个数据集进行实验,其结果与 SVM－FuzCoc 等九个特征选择算法对比,结果表明 FSFOA 在大部分数据集上具有明显的优越性。

6.2.2　FSFOA 的方法原理

FSFOA 的组成部分与 FOA 相同,均由五部分组成,但其在初始化森林、局部播种和全局播种阶段与 FOA 略有不同。FSFOA 的方法原理如下。

1. 初始化森林

由变量 0 或 1 对树木特征随机赋值,完成森林初始化。"0" 表示当前特征未被选中,"1" 表示当前特征被选中。其中,森林规模由 area limit 函数决定,每棵树的长度为 $1\times(D+1)$,可表示为 $\textbf{Tree}=[Age, v_1, v_2, \cdots, v_D]$,$D$ 为特征维度,v_D 表示第

D 维的特征值,Age 为树龄,初始化阶段的树木年龄为 0。

2.局部播种

对于森林中年龄为 0 的树木,随机选择 LSC 个特征,并分别将其特征值由 0 变为 1 或 1 变为 0,每有一个特征值改变,就生成一棵年龄为 0 的新树,旧树年龄加 1。LSC＝2 时的局部播种过程如图 6.4 所示。粗实线所标特征表示被选特征,粗虚线所标特征表示经局部播种后的特征。

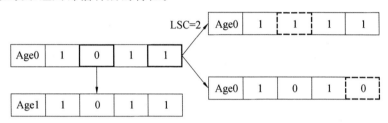

图 6.4　LSC ＝ 2 的局部播种过程

3.森林规模限制

首先,将年龄超过 life time 的树木从森林中移除,放入候选森林;然后,根据适应度值将树木由大到小排序,将超过区域上限 area limit 且适应度值更小的树木放入候选森林。

4.全局播种

根据 transfer rate 值,从候选种群中随机选择若干树木用于全局播种。每棵树木随机选择 GSC 个特征同时由 0 变为 1 或 1 变为 0,生成一棵年龄为 0 的新树。GSC＝2 时的全局播种过程如图 6.5 所示。粗实线所标特征表示被选特征,粗虚线所标特征表示经全局播种后的特征。

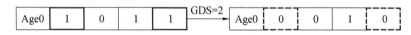

图 6.5　GSC ＝ 2 的全局播种过程

5.更新最优树

根据适应度值对树木排序,选择适应度值最高的树作为最优树,并将其年龄置 0,重新放入森林中。

6.3　FSFOA 步骤

FSFOA 求最大适应度值的方法步骤如下。

① 用 0/1 随机初始化森林,森林规模大小 area limit＝50,树木年龄 Age＝0。

② 判断树木年龄是否为 0。若为 0,则进行局部播种,令新树年龄 Age＝0,旧

树年龄 Age＝Age＋1;否则,转步骤 ③。

　　③ 将满足 Age ＞ life time 和森林规模大于 area limit 的树木放入候选森林;

　　④ 从候选森林中选取 LSC × area limit × transfer rate 棵树木进行全局播种,新树年龄 Age＝0。

　　⑤ 选择适应度值 Fitness 最大的树作为最优树,令其 Age＝0,放入森林。

　　⑥ 判断是否满足迭代停止条件。若满足,转步骤 ⑦;否则,转步骤 ②。

　　⑦ 输出森林子集及其适应度值 Fitness。

6.4　FSFOA 的 MATLAB 实现

6.4.1　FSFOA 主代码

下面给出 FSFOA 的主代码,涉及参数的设置,分类器模型的生成,对初始化、局部播种、森林规模限制、全局播种、更新最优树等代码的调用。

```
clear;% 清除所有变量
closeall;% 清图
clc;% 清命令行窗口
tic;% 计时
rng(0);% 使被选数据趋于相同
populationSize = 50;% 种群规模
maxGeneration = 500;% 最大进化代数
maxTreeAge = 15;% 树龄上限
rateOfTransfer = 0.05;% 全局播种候选种群的百分比
LSC = 7 ;% 规定 LSC 和 GSC 值,LSC 为维度的 1/5,GSC 为维度的 1/2
GSC = 15 ;% ionosphere 的 LSC 和 GSC 分别为 7 和 15
dataSetName = 'ionosphere. mat';% 测试数据集名称(以 ionosphere 为例)
[model] = initModelOfFs(dataSetName, @predictOfKnn);% 调用 initModelOfFs,根据分类
器 / 数据集划分方式等情况,形成相应的模型

population = round(initialPopulation(populationSize, model));% 调用 initialPopulation,用 0/1
完成森林初始化
popTreeAge = zeros(populationSize, 1);% 初始化的森林年龄置 0
for j = 1:size(population,1)
    popFitness(j,1) = model. getPrecision(model,population(j,:));% 调用 getPrecision,计算
分类准确率
```

```
end
[bestFitness, I] = max(popFitness);% 找到最大的适应度值及其所在位置
bestIndividual = population(I, :);% 找到最大适应度值所对应的树木子集
numOfDecVariables = size(population, 2);% 决策变量维度 / 特征维度
bestIndividualSet = zeros(maxGeneration, numOfDecVariables);% 每代最优个体集合(空集)
bestFitnessSet = zeros(maxGeneration, 1);% 每代最高适应度集合(空集)
avgFitnessSet = zeros(maxGeneration, 1);% 每代平均适应度集合(空集)

rng(1);
for i = 1 : maxGeneration        % 以迭代 500 次为例
    [population, popTreeAge, popFitness] = localSeedingFs(population, popTreeAge,
popFitness, model, LSC);% 局部播种
    fprintf('第 %i 代种群 %d\n', i, size(population, 1));% 输出运行到第几代,以及当前的
森林规模
    [population,      popTreeAge,      popFitness,      candidatePop,      ～,      ～ ]      =
populationLimiting(population, popTreeAge, popFitness, populationSize, maxTreeAge);% 森
林规模限制
    [population,      popTreeAge,      popFitness] = globalSeedingFs(population, popTreeAge,
popFitness, candidatePop, rateOfTransfer, model, GSC);% 全局播种
    [population,      popTreeAge,      popFitness,      bestIndividual,      bestFitness]      =
updateBestTree(population, popTreeAge, popFitness, bestIndividual, bestFitness);% 更新最
优树
    [population, popTreeAge, popFitness, ～, ～, ～] = populationLimiting(population,
popTreeAge, popFitness, populationSize, maxTreeAge);% 再次进行森林规模限制(否则对于
高维数据集会出现森林规模过于庞大的问题)
    [popRateOfSelected]      =      getPopRateOfSelected(population,      model);%      调用
getPopRateOfSelected,计算维度缩减率
    [bestFitness, I] = max(popFitness);% 找到最大的适应度值及其所在位置
    bestIndividual = population(I, :);% 找到最大适应度值所对应的树木子集
    bestFitnessSet(i) = bestFitness;% 第 i 代最高适应度值
    DR(i) = popRateOfSelected(I, :);% 最高分类准确率对应的维度缩减率 DR
    avgFitnessSet(i) = mean(popFitness);% 每代适应度值的平均值

    if mod(i, 100) == 0        % 每隔 100 代绘制一幅图
        showEvolCurve(1, i, bestFitnessSet, avgFitnessSet);% 调用 showEvolCurve,绘制每
代最高 CA 和平均 CA 的进化曲线
```

```
        end
        fprintf('第 %i 代种群的最优值 %d：%.4f\n', i, size(population, 1), bestFitness); % 输
出第 i 代的最大适应度值
        disp(['DR ：', num2str(DR(i))]); % 输出最高 CA 对应的 DR
end


bestFitnessSetFoa = bestFitnessSet; % 每代最高适应度值的集合
DR = DR'; % DR 转置
max_acc = max(bestFitnessSetFoa); % 经多次迭代后, 从" 每代最高适应度值的集合" 中寻找
全局最高的 CA
max_index = find(bestFitnessSetFoa == max_acc); % 寻找上述" 全局最高的 CA" 在集合中的
位置(最高 CA 相同的某几代)
max_DR = max(DR(max_index, :)); % 从上述" 集合中的位置" 中寻找最大的 DR
disp(['max_DR ：', num2str(max_DR)]); % 输出最大的 DR
save('./data/bestFitnessSetFoa.mat', 'bestFitnessSetFoa'); % 保存每代最高适应度值的集合
time = toc; % 运行时间
disp(['Elapsed time：' num2str(time) ' seconds.']); % 输出运行时间


function showEvolCurve(startI, endI, bestFitnessSet, avgFitnessSet)
% 输入：画图的起始值 startI, 画图的结束值 endI, 每代最高适应度值 bestFitnessSet, 每代平均
适应度值 avgFitnessSet
% 展示种群进化曲线
        scope = startI：endI；
        semilogy(scope, bestFitnessSet(scope)', (scope), avgFitnessSet(scope)', 'LineWidth',
2); % 画两条曲线。一条为 x 轴长度为 scope, 对应的 y 轴值为最高适应度；第二条曲线为 x 轴长
度为 scope, 对应的 y 轴值为平均适应度。线宽为 2

        title('Population Evolution Curve', 'Fontsize', 20); % 标题字体大小为 20, 标题
为"Population Evolution Curve"
        legend('Maximum Fitness', 'Average Fitness'); % 曲线名称分别为"Maximum Fitness"
和"Average Fitness"
        xlabel('The number Of generations', 'Fontsize', 15); % x 轴名称为"The number Of
generations", 字体大小为 15
        ylabel('Fitness', 'Fontsize', 15); % y 轴名称为"Fitness", 字体大小为 15
        gridon; % 显示轴网格线
        drawnow; % 更新图窗, 并处理回调
```

```
end
```

6.4.2　initModelOfFs 函数

下面给出 initModelOfFs 函数的程序代码,该函数是分类器模型的生成代码,可以根据分类器 / 数据集划分方式等情况,形成相应的模型。

```
function [model] = initModelOfFs(dataSetName, classificationModel)
% 输入数据集 dataSetName 和分类模型 classificationModel
% 输出模型 model
    dataSetPath = './data/'; % 测试数据集所在路径。本书数据保存在"data"文件夹下
    variateName = dataSetName(1: find(dataSetName == '.') − 1); % 获取文件名(不含后
缀名): ionosphere
    load([dataSetPathdataSetName]); % 载入数据
    data Set = eval(variateName); % 所载入的数据集赋值给 dataSet
    if isa(dataSet，'table')
        dataSet = table2array(dataSet); % 若 data Set 是"table"类型,则将数据集的表转换成
数组储存
    end
    dataSet = fillmissing(dataSet,'previous'); % 数据若有空缺,则用上一个数来填补空缺

    model. dataSet = dataSet; % dataSet 放入 model. dataSet
    model. sampleLabel = dataSet(:, 1); % dataSet 的第一列为样本标签, 放入
model. sampleLabel
    model. sampleFeature = dataSet(:, 2: end); % dataSet 的第二列至最后一列为样本特征
集,放入 model. sampleFeature
    [N, D] = size(model. sampleFeature); % N 为样本个数,D 为变量 / 特征个数
    model. numOfDecVariables = D; % 将特征数 D,放入 model. numOfDecVariables
    model. lower = zeros(1, D); % 生成 1 行 D 列的零矩阵作为最低变量范围,放入
model. lower
    model. upper = ones(1, D); % 生成 1 行 D 列全是 1 的矩阵作为最高变量范围,放入
model. upper
    model. numOfSample = N; % 样本个数 N,放入 model. numOfSample

% 数据集划分方式:70% ～ 30%(用于 KNN 分类器)
    rateOfTrain = 0.7;
    rateOfTest = 1 − rateOfTrain;
[trainFeature,trainLabel,testFeature,testLabel] = divideTrainAndTestData7030(model.
```

sampleFeature，model. sampleLabel，rateOfTrain，rateOfTest）；

% 调用 divideTrainAndTestData7030 函数，生成了数据集划分方式为 70% ～ 30% 的训练集、训练集标签、测试集、测试集标签

  model. trainFeature = trainFeature；% 训练集

  model. trainLabel = trainLabel；% 训练集标签

  model. testFeature = testFeature；% 测试集

  model. testLabel = testLabel；% 测试集标签

  model. classificationModel = classificationModel；% 分类模型。包括 KNN 分类模型（调用 predict Of Knn）和 SVM 分类模型（调用 predictof SVM）

  model. initIndividual = @initIndividual；% 初始化树木（用 0 ～ 1 的数随机初始化）

  model. getPrecision = @getPrecision；% 计算分类准确率

  model. repairIndividual = @repairIndividual；% 对特征值的大小进行限制，防止其超过变量范围

  model. getRateOfSelected = @getRateOfSelected；% 计算维度缩减率

end

function [rateOfSelected] = getRateOfSelected(individual，model)

% 输入：树木子集 individual，模型 model

% 输出：维度缩减率 rateOfSelected

% 计算树木的维度缩减率

  individual = round(individual)；

  rateOfSelected = 1 - sum(individual) / length(individual)；% 维度缩减率 = 未被选中的特征数量 / 特征总数

end

function [newIndividual] = repairIndividual(individual，model)

% 输入：树木子集 individual，模型 model

% 输出：修正后的子集 newIndividual

% 对特征值的大小进行限制，防止其超过变量范围

  lower = model. lower；% 生成 1 行 D 列的零矩阵作为最低变量范围，放入 model. lower

  upper = model. upper；% 生成 1 行 D 列全是 1 的矩阵作为最高变量范围，放入 model. upper

  Flag4ub = individual > upper；% 逐个比较树木中的特征值是否比 upper 大，" 是" 输出 1，" 否" 输出 0

  Flag4lb = individual < lower；% 逐个比较树木中的特征值是否比 upper 小，" 是" 输出 1，" 否" 输出 0

new Individual = (individual . * (~ (Flag4ub + Flag4lb))) + upper . * Flag4ub + lower . * Flag4lb;% 对超过变量范围特征值重新赋值
end

6.4.3 initIndividual 函数(初始化阶段)

下面给出 initIndividual 函数的程序代码,利用该函数完成森林的初始化。

```
function [individual] = initIndividual(model)
% 输入:模型 model
% 输出:树木子集 individual
% 用[0,1]间的数随机初始化森林
    upper = model. upper;
    lower = model. lower;
    numOfDecVariables = model. numOfDecVariables;% 决策变量维度
    individual = rand(1, numOfDecVariables) . * (upper - lower) + lower;% 生成一组特
征子集,每个特征值由[0,1]的随机数组成
end
```

6.4.4 localSeedingFs 函数(局部播种阶段)

下面给出 localSeedingFs 函数的程序代码,利用该函数完成森林的局部播种。主要通过对单个特征值的取反,获得具有更高适应度值的子代树木。

```
function [newPopulation, newPopTreeAge, newPopFitness] = localSeedingFs(population, popTreeAge, popFitness, model, LSC)
% 输入:森林 population,年龄 popTreeAge,适应度 popFitness,模型 model,局部播种参数 LSC
% 输出:局部播种后的森林 newPopulation,年龄 newPopTreeAge,适应度 newPopFitness
% 局部播种:对于年龄为 0 的树木,随机选择 LSC 个特征,进行单个特征值的变化,生成一棵新
树,每棵树都能生成 LSC 棵新树
[populationSize, numOfDecVariables] = size(population);% 输入森林,输出森林的规模
populationSize、维度 numOfDecVariables
    tempPopulation = [];%tempPopulation 用于存放新树
    for i = 1: populationSize
        if popTreeAge(i) == 0   % 仅对年龄为 0 的树木进行局部播种
            individual = population(i, :);% 依次取森林中的每棵树
            childs = zeros(LSC, numOfDecVariables);% 生成 LSC * numOfDecVariables
的零矩阵,用于存放当前树木生成的所有新树
            for j = 1: LSC
                rIndex = randi([1 numOfDecVariables]);% 根据 LSC 参数值,从[1:
```

numOfDecVariables] 中随机选择 LSC 个维度值 rIndex

```
                newIndividual = individual;% 将旧树 individual 赋值给 newIndividual
                newIndividual(rIndex) = 1 - newIndividual(rIndex);% 将旧树中 rIndex 维
度进行 0/1 变换
                childs(j, :) = newIndividual;% 生成新树
            end
            tempPopulation = [tempPopulation; childs];% 将每个旧树生成的新树, 放到
tempPopulation 中
        end
    end
    tempPopTreeAge = zeros(size(tempPopulation, 1), 1);% 新树年龄置 0
    [tempPopulation] = repairOperation(tempPopulation, model);% 调用 repairOperation, 新
树中的数值可能存在超过 1 或低于 0 的值, 此步是为了将这类值重新赋值
    for k = 1:size(tempPopulation, 1)
        tempPopFitness(k,1) = model. getPrecision(model, tempPopulation(k,:));% 调用
getPrecision, 计算新树适应度
    end
    popTreeAge = popTreeAge + 1;% 旧树年龄加 1
    newPopulation = [population; tempPopulation];% 新树添加到森林中
    newPopTreeAge = [popTreeAge; tempPopTreeAge];% 新树年龄添加到森林中
    newPopFitness = [popFitness; tempPopFitness];% 新树适应度值添加到森林中
end


function [newPopulation] = repairOperation(population, model)
% 输入:子代森林 population 和 model
% 输出:新的子代树木 newPopulation
% 目的是将超过变量上下限的特征值重新赋值
    newPopulation = zeros(size(population));% 根据子代森林的大小, 生成相应大小的零矩
阵 newPopulation
    populationSize = size(population, 1);% 计算子代森林的数量
for i = 1 : populationSize
        individual = population(i, :);% 依次取子代森林中的每棵树
        newPopulation(i, :) = model. repairIndividual(individual, model);% 调用
repairIndividual. m, 限制边界
    end
end
```

6.4.5　populationLimiting 函数(森林规模限制)

下面给出 populationLimiting 函数的程序代码,利用该函数完成森林规模的限制。由于局部播种阶段生成了大量的树木,因此需对森林进行规模限制。首先,将超出年龄上限的树木放入候选森林;其次,将森林中的树木按照适应度值由大到小排列,将超过森林规模上限的树木放入候选森林。

```
function    [newPopulation,    newPopTreeAge,    newPopFitness,    candidatePop,
candidatePopTreeAge, candidatePopFitness] = populationLimiting(population, popTreeAge,
popFitness, populationSize, maxTreeAge)
% 输入:局部播种阶段的森林 population,森林年龄 popTreeAge,森林适应度 popFitness,森林规
模 populationSize(为 50 ),年龄上限 maxTreeAge(为 15)
% 输出:新的森林 newPopulation,新森林的年龄 newPopTreeAge,新森林的适应度
newPopFitness,候选森林 candidatePop,候选森林年龄 candidatePopTreeAge,候选森林适应
度 candidatePopFitness
% 森林规模限制:将超出森林规模和年龄上限的树木放入候选森林
    newPopulation = [];% 新的森林
    newPopTreeAge = [];% 新森林的年龄
    newPopFitness = [];% 新森林的适应度
    candidatePop = [];% 候选森林
    candidatePopTreeAge = [];% 候选森林的年龄
    candidatePopFitness = [];% 候选森林的适应度
    for i = 1 : size(population, 1)
        if    popTreeAge(i) < maxTreeAge    % 若局部播种后的树木年龄小于年龄上限 15
            newPopulation = [newPopulation; population(i,:)];% 则将此类树木放
入 newPopulation
            newPopTreeAge = [newPopTreeAge; popTreeAge(i)];% 则将此类树木的年龄
放入 newPopTreeAge
            newPopFitness = [newPopFitness; popFitness(i)];% 则将此类树木的适应度放
入 newPopFitness
        else      % 若局部播种后的树木年龄大于年龄上限 15
            candidatePop = [candidatePop; population(i,:)];% 则将此类树木放入候选森
林 candidatePop
            candidatePopTreeAge = [candidatePopTreeAge; popTreeAge(i)];% 则将此类树
木的年龄放入 candidatePopTreeAge
            candidatePopFitness = [candidatePopFitness; popFitness(i)];% 则将此类树木
的适应度放入 candidatePopFitness
```

```
        end
    end
```

[newPopFitness, Index] = sort(newPopFitness,'descend');%newPopFitness 的适应度值降序排列,输出降序后的 newPopFitness 和索引 Index

newPopTreeAge = newPopTreeAge(Index);% 将年龄 newPopTreeAge 按照索引重新排序

newPopulation = newPopulation(Index, :);% 将森林 newPopulation 按照索引重新排序

if size(newPopulation, 1) > populationSize　　% 上面删除了超过年龄上限的树木,现在删除超过森林规模的树木

candidatePop = [candidatePop; newPopulation(populationSize + 1: end, :)];% 对于森林规模超过 populationSize(为 50) 的树木,仅保留前 populationSize(为 50) 的树木,其余树木放入候选森林 candidatePop

candidatePopTreeAge = [candidatePopTreeAge; newPopTreeAge(populationSize + 1: end, :)];% 树木年龄仅保留前 50 个,其余年龄放入 candidatePopTreeAge

candidatePopFitness = [candidatePopFitness; newPopFitness(populationSize + 1: end, :)];% 适应度仅保留前 50 个,其余适应度放入 candidate Pop Fitness

newPopulation(populationSize + 1: end, :) = [];

newPopTreeAge(populationSize + 1: end, :) = [];

newPopFitness(populationSize + 1: end, :) = [];

else　　% 若删除了超过年龄上限的树木后,其余的树木数量少于森林规模 populationSize

n = populationSize − size(newPopulation, 1);% 则先计算目前森林需要多少棵树木,才能使森林达到 50 棵

newPopulation = [newPopulation; candidatePop(1 : n, :)];% 用候选森林中的前 n 棵树木补全森林

newPopTreeAge = [newPopTreeAge; candidatePopTreeAge(1 : n, :)];% 候选森林中前 n 棵树木的年龄补全森林的年龄

newPopFitness = [newPopFitness; candidatePopFitness(1 : n, :)];% 候选森林中前 n 棵树木的适应度补全森林的适应度

```
    end
end
```

6.4.6　globalSeedingFs 函数(全局播种阶段)

　　下面给出 globalSeedingFs 函数的程序代码,利用该函数完成森林的全局播种。该阶段从候选森林中选取若干树木用于全局播种,再对该类树木进行多个特征值的更改,以获得具有更高适应度值的子代树木。

function [newPopulation, newPopTreeAge, newPopFitness] = globalSeeding Fs(population, popTreeAge, popFitness, candidatePop, rateOfTransfer, model,GSC)

％输入：森林规模限制后的森林 population，年龄 popTreeAge，适应度 popFitness，候选森林 candidatePop，转换率 rateOfTransfer，model，全局播种参数 GSC

％输出：全局播种后的森林 newPopulation，年龄 newPopTreeAge，适应度 newPopFitness

％全局播种：将用于全局播种的树木，随机选择 GSC 个特征同时进行 0/1 变换。每棵树生成一颗新树

numOfNewIndividual = floor(size(candidate Pop, 1) * rateOfTransfer)；％候选森林规模 * 转换率 = 用于全局播种树木的数量 numOfNewIndividual

goalIndividualId = randperm(size(candidatePop, 1), numOfNewIndividual)；％候选森林规模中随机选几个整数 goalIndividualId，表示被选树木的索引 / 位置

rIndex = randperm(size(candidatePop, 2), GSC)；％根据候选森林的维度，随机选取 GSC 个维度值 rIndex，用于进行 0/1 变换

tempPopulation = [ ]；

for i = 1：length(goalIndividualId)

id = goalIndividualId(i)；％依次选取 goalIndividualId 中的数值，赋值给 id

individual = candidatePop(id, :)；％从候选森林中，选取相应 id 的树木

rIndividual = round(model. initIndividual(model))；％调用 initIndividual，初始化生成一棵临时树 rIndividual

individual(rIndex) = rIndividual(rIndex)；％将临时树 rIndex 维度的数值，赋值给全局播种树木的 rIndex 维度

tempPopulation = [tempPopulation；individual]；％每棵局部播种的树中都有 GSC 个特征值同时改变，因此生成了一个新树，存储到 tempPopulation

end

tempPopTreeAge = zeros(size(tempPopulation, 1), 1)；％将新树年龄置 0

for j = 1：size(tempPopulation, 1)

tempPopFitness(j, 1) = model. getPrecision(model, tempPopulation(j, :))；％调用 getPrecision，计算新树的适应度

end

newPopulation = [population；tempPopulation]；％新树添加到森林中

newPopTreeAge = [popTreeAge；tempPopTreeAge]；％新树的年龄添加到森林中

newPopFitness = [popFitness；tempPopFitness]；％新树的适应度添加到森林中

end

6.4.7　updateBestTree 函数（更新最优树阶段）

下面给出 updateBestTree 函数的程序代码，利用该函数完成最优树的更新。每次迭代都选取适应度值最高的树木作为最优树（newBestFitness），并与已存在的最优树（bestFitness）进行对比、更新。

```
function  [population,  popTreeAge,  popFitness,  bestIndividual,  bestFitness]  =
updateBestTree (population, popTreeAge, popFitness, bestIndividual, bestFitness)
```
% 输入:完成全局播种后的森林 population,年龄 popTreeAge,适应度 popFitness,上次迭代生成的最大适应度 bestFitness 及其树木 bestIndividual

% 输出:更新最优树后的森林 population,年龄 popTreeAge,适应度 popFitness,最大适应度 bestFitness 及其树木 bestIndividual

% 更新最优树:将适应度值最高的树木重新放入森林

```
    [newBestFitness, I] = max(popFitness);% 输出最大的适应度 newBestFitness 和对应的
索引 I
    if newBestFitness < bestFitness      % 比较 newBestFitness 和 bestFitness 的大小
        population(1, :) = bestIndividual;% 若 newBestFitness 比 bestFitness 小,则森林第
一个树更新成适应度最大的树 bestFitness
        popFitness(1) = bestFitness;
        popTreeAge(1) = 0;% 第一棵树年龄置 0
    else
        bestFitness = newBestFitness;% 若 newBestFitness 比 bestFitness 大,则更新最优树
bestFitness,将 newBestFitness 赋值给 bestFitness,用于下次迭代到更新最优树阶段时,进行
对比
        bestIndividual = population(I, :);% 选择森林中第 I 棵树,作为最优树
        popTreeAge(I) = 0;% 最优树年龄置 0
    end
end
```

6.4.8 getPrecision 分类准确率函数

下面给出 getPrecision 函数的程序代码,计算分类准确率。将正确预测标签的比例作为当前树木的分类准确率。

```
function [precision] = getPrecision(model, individual)
```
% 输入:模型 model 和树木子集 individual

% 输出:分类准确率 precision

```
trainFeature = model. trainFeature(:, individual == 1);% 将 individual 的被选特征所在的训
练集,赋值给 trainFeature
testFeature = model. testFeature(:, individual == 1);% 将 individual 的被选特征所在的测试
集,赋值给 testFeature
    trainLabel = model. trainLabel;% 训练集标签,赋值给 trainLabel
    testLabel = model. testLabel;% 测试集标签,赋值给 testLabel
    [preLabel] = model. classificationModel(trainFeature, trainLabel, testFeature);% 调用
```

model 中的分类模型,利用训练集、训练集标签生成分类模型,测试集利用模型进行测试,测试预测输出标签

numOfCorrect = length(find(preLabel == testLabel));%预测出的标签与正确标签对比,输出正确标签的个数

precision = numOfCorrect / length(preLabel);%分类准确率 = 正确标签个数 / 测试集总标签数

end

6.4.9　数据集划分函数和分类器函数

(1)划分方式:2fold。

2fold 即二折交叉验证,是指将数据集和对应的标签分为两份,依次取其中一份作为训练集,另一份作为测试集。下面给出具体实现的程序代码。

```
function [trainFeature, trainLabel, testFeature, testLabel] = divideTrainAndTestData2fold
(sampleFeature, sampleLabel)
% 输入:数据集 sampleFeature,标签 sampleLabel
% 输出:训练集 trainFeature,训练集标签 trainLabel,测试集 testFeature,测试集标签 testLabel
% 二折交叉验证:数据集和对应的标签分为两份,依次取其中一份作为训练集,另一份作为测试集
rng(0);
    c = crossvalind('KFold',sampleLabel,2); % 二折交叉验证法。给每行数据进行编号,编
号为 1 或 2
    for k = 1:2
        testFeature{k} = sampleFeature(c == k,:);%k = 1 时,编号为 1 的数据为测试集;
k = 2 时,编号为 2 的数据为测试集
        testLabel{k} = sampleLabel(c == k);%k = 1 时,编号为 1 的标签为测试集标签;
k = 2 时,编号为 2 的标签为测试集标签
        trainFeature{k} = sampleFeature;
        trainFeature{k}(c == k,:) = [];%k = 1 时,编号为 2 的数据为训练集;k = 2 时,编
号为 1 的数据为训练集
        trainLabel{k} = sampleLabel;
        trainLabel{k}(c == k) = [];%k = 1 时,编号为 2 的标签为训练集标签;k = 2 时,编
号为 1 的标签为训练集标签
    end
end
```

(2)划分方式:70% 作为训练集,30% 作为测试集。

70% 的数据集作为训练集,30% 的数据集作为测试集,是数据集划分的一种方法,该方法规定了训练集和测试集的比例,且所选的训练集和测试集不重复。以下为具体实现的代码。

```
function [trainFeature, trainLabel, testFeature, testLabel] = divideTrainAndTestData7030
(sampleFeature, sampleLabel, rateOfTrain, rateOfTest)
```

% 输入：数据集 sampleFeature，标签 sampleLabel，训练集比例 rateOfTrain，测试集比例 rateOfTest

% 输出：训练集 trainFeature，训练集标签 trainLabel，测试集 testFeature，测试集标签 testLabel

% 70% ～ 30% 表示选取 70% 数据集作为训练集，30% 数据集作为测试集

```
    rng(0);
    numOfSample = length(sampleLabel);% 数据数量 numOfSample
    randIndex = randperm(numOfSample);% 将 numOfSample 打乱
    numOfTrainSet = floor(numOfSample * rateOfTrain);% 训练集数量 = 总的数据集数
量 * 70%
    numOfTestSet = floor(numOfSample * rateOfTest);% 测试集数量 = 总的数据集数
量 * 30%

    if numOfTrainSet + numOfTestSet > numOfSample
        numOfTestSet = numOfSample - numOfTrainSet;% 为防止数据集重复使用，若测试集
数量 + 训练集数量 > 数据集总的数量，则测试集数量 = 数据集总的数量 - 训练集数量
    end
    trainFeature = sampleFeature(randIndex(1:numOfTrainSet), :);% 选取 randIndex 的前
70% 行数字所对应的数据集作为训练集
    trainLabel = sampleLabel(randIndex(1:numOfTrainSet));% 选取 randIndex 的前 70%
行数字所对应的数据集标签作为训练集标签

    testFeature = sampleFeature(randIndex(numOfTrainSet + 1: numOfTrainSet +
numOfTestSet), :);% 选取 randIndex 的后 30% 行数字所对应的数据集作为测试集
    testLabel = sampleLabel(randIndex(numOfTrain Set + 1: numOfTrainSet +
numOfTestSet));% 选取 randIndex 的后 30% 行数字所对应的数据集标签作为测试集标签
end
```

（3）SVM 分类器。

SVM（supportvectormachine）即支持向量机，定义为特征空间上的间隔最大的线性分类器。其中，rbf 为高斯核函数，常用于数据分类。

以下是对 predictofSVM 函数的代码说明，该函数对数据集进行 SVM 分类。

```
function [preLabel] = predictofSVM(trainFeature, trainLabel, testFeature)
```

% 输入：训练集 trainFeature，训练集标签 trainLabel，测试集 testFeature

% 输出：预测的测试集标签 preLabel

```
for i = 1:length(trainFeature)    % 由于训练集分为两份，因此以下内容以第一份为例
        Category = unique(trainLabel{i});% 输出第一份为训练集标签时的种类 Category
```

　　　　t = templateSVM('Standardize',true,'KernelFunction','rbf');% 创建 SVM 模型,核
函数为 rbf
　　　　SVM = fitcecoc(trainFeature{i}, trainLabel{i},'Learners',t); % 利用训练集和训练
集标签,训练 SVM 分类器
　　　　preLabel{i} = predict(SVM, testFeature{i});% 将测试集用训练好的 SVM 分类器预
测标签 preLabel
end
end

　　(4)KNN 分类器。

　　KNN(K − nearest neighbors) 即 K 近邻。其中,K 的取值一般为 1、3、5。

　　以下是对 predictofKnn 函数的代码说明,该函数对数据集进行 KNN 分类。

```
function [preLabel] = predictOfKnn(trainFeature, trainLabel, testFeature)
% 输入:训练集 trainFeature,训练集标签 trainLabel,测试集 testFeature
% 输出:预测的测试集标签 preLabel
% 数据集划分方式为:70% ~ 30%
    K = 1;% 若为 1NN,则 K = 1;若为 3NN,则 K = 3;若为 5NN,则 K = 5。根据需要更改
    Category = unique(trainLabel);% 输出训练集标签 trainLabel 的种类 Category
    [~,Rank] = sort(pdist2(testFeature, trainFeature),2);% 计算训练集标签和测试集标
签之间的欧氏距离,对矩阵的每一行排序
    if K == 1
        Out = trainLabel(Rank(:,1:K));% Rank 第一列表示训练集标签和测试集标签之
间的欧氏距离最短,当分类器为 1NN 时,可选 Rank 第一列数值所对应的训练集标签作为预测的
标签
    else
        [~,Out]  = max(hist(trainLabel(Rank(:,1:K))', Category),[],1);% 当分类器
为 3NN/5NN 时,进行此代码运算。输出的 Out 为预测的测试集标签
        % 以 3NN 为例,Rank 前三列表示训练集标签和测试集标签之间的欧氏距离最
短,"trainLabel(Rank(:,1:K))" 表示 Rank 前三列数值所对应的训练集标签;
        % "hist(trainLabel(Rank(:,1:K))',Category)" 为直方图横坐标为 Category 的数值,
纵坐标为 "trainLabel(Rank(:,1:K))'" 中每行相应横坐标出现的次数
        Out = Out';% 转置
    end
    preLabel = Category(Out);% 将测试集标签赋值给 preLabel
end
```

第 7 章　改进森林优化特征选择算法

7.1　改进策略

（1）初始化阶段虽并未参与算法的迭代过程，但它却为后续阶段的局部播种和全局播种奠定了基础。因此，初始化阶段生成的森林便显得尤为重要。FSFOA采用随机策略完成森林初始化，该方法未考虑每个特征对分类精度的贡献程度。为此，设计基于评分机制的类贪心初始化策略。

首先，构建决策变量评分机制。对于一个 $D \times D$ 的单位矩阵，计算其每行的适应度值作为评分，记为 s_j。因此，可得到每维决策变量评分 $\mathbf{Score} = [s_1, s_2, \cdots, s_j, \cdots, s_D]$。其中，$D$ 为变量维度，即特征维度；s_j 表示第 j 维变量的评分，$j \in [1, D]$。

然后，设计类贪心策略对每棵树进行初始化。在 $[1, D]$ 区间内随机选两个整数 k_1 和 k_2。若决策变量 k_1 的评分高于决策变量 k_2 的评分，则当前树木第 k_1 维度的值为 1；反之，则第 k_2 维度的值为 1。考虑到维度缩减问题，初始化时不宜选中过多的维度。因此，每棵树木进行初始化时，都会生成一个随机数 r，其被选特征数量不超过 $r \times D$，r 为 $[0, 1]$ 区间内的随机数。

（2）由于 FSFOA 局部播种阶段的随机播种策略具有盲目性，因此设计基于评分比较的类贪心局部播种策略。每棵树都要选择 LSC 个变量单点取反，生成 LSC 棵新树。在此过程中，利用评分机制，随机选取两个变量维度，比较并选择评分大的变量进行单点取反，生成一棵新树，将其年龄置 0。通过此方法完成局部播种，目的是使评分高的变量有更大的变化几率。图 7.1 所示为基于评分比较的类贪心局部播种过程（以 LSC＝2 为例）。

（3）FSFOA 全局播种阶段仅采用随机播种策略，容易错失最优特征子集。因此，设计类贪心遗传算子播种策略，与随机播种策略共同构成新的全局播种策略。

首先，对候选森林中的树木进行类贪心择优，每次有放回地随机选择两棵树木，比较并选择适应度值大的树木作为优质森林中的一员，直至优质森林的规模与候选森林规模相同。类贪心择优策略为接下来的操作提供了较为优质的森林。

其次，进行遗传与类贪心交叉操作。从优质森林中随机选择两个树木作为父代，保留两父代相同维度中变量值相同的特征。对于两特征子集相同维度中变量值不同的特征，采取类贪心交叉操作，实现较高评分特征的遗传。其中，$T_i(i=1,$

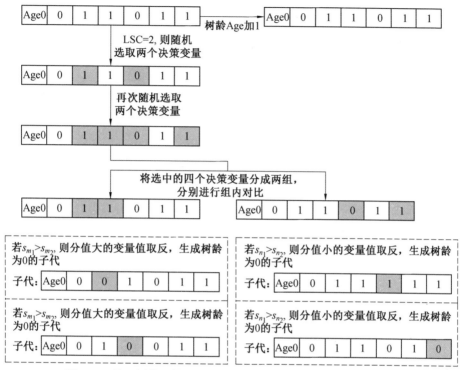

图 7.1　基于评分比较的类贪心局部播种过程(以 LSC = 2 为例)

$2,\cdots,N)$ 表示第 i 棵树木子集,N 为森林规模,两父代则表示为 T_p 和 T_q,两父本每次生成一个子代 T_o。T_o 初始子集与 T_p 相同。

交叉播种规则具体如下。

① 生成随机数 r,若 $r < 0.5$,则执行 $T_p \& \overline{T_q}$,选出 T_p 中被选择但 T_q 中被删除的特征维度,利用评分机制从此类变量中随机选择两个变量,比较并选择评分小的变量,将其置 0。

② 若随机数 $r > 0.5$,则执行 $\overline{T_p} \& T_q$,选出 T_q 中被选择但 T_p 中被删除的特征维度,利用评分机制从此类变量维度中随机选择两个变量,比较并选择评分大的变量,将其置 1。

最后,进行变异操作。若随机选取的两个父代相同,则无法选出有差异的特征维度,无法进行交叉操作。此时,变异操作便显得尤为重要。

变异播种规则具体如下。

① 生成随机数 r,若 $r < 0.5$,则随机选取两个值为"1"的变量维度,通过评分筛选出分值小的变量维度值进行变异取反。

② 若随机数 $r > 0.5$,则随机选取的两个值为"0"的变量,通过评分筛选出分值

大的变量维度值进行变异取反。

7.2　改进 FSFOA 步骤

改进后的 FSFOA 求最大适应度值的方法步骤如下。

① 构建决策变量评分机制 Score,利用基于评分机制的类贪心策略初始化森林,树木年龄 Age＝0。

② 判断树木年龄是否为 0。若为 0,则利用基于评分机制的类贪心策略进行局部播种,令新树年龄 Age＝0,旧树年龄 Age＝Age＋1;否则,转步骤 ④。

③ 将满足 Age > life time 和 area limit > 50 的树木放入候选森林。

④ 判断是否满足随机数 $r < 0.5$。若满足,则转步骤 ⑤;否则,转步骤 ⑧。

⑤ 类贪心择优策略选出与候选森林规模同样大小的优质森林,从优质森林中选择两父代,令子代树木 T_c 与其中一父代相同,判断两父代子集是否相同。若相同,则转步骤 ⑦;否则,转步骤 ⑥。

⑥ 完成遗传与类贪心交叉,生成新的子代树木 T_c。

⑦ 对子代树木 T_c 进行变异操作,生成最终子代树木 T_o,新树年龄 Age＝0。

⑧ 从候选森林中选取 LSC × area limit × transfer rate 棵树木进行随机播种,新树年龄 Age＝0,放入森林。

⑨ 选择适应度值 Fitness 最大的树作为最优树,令其 Age＝0,放入森林。

⑩ 判断是否满足迭代停止条件。若满足,则输出森林子集及其适应度值 Fitness;否则,转步骤 ②。

7.3　改进 FSFOA 的 MATLAB 实现

7.3.1　改进 FSFOA 的主代码

该部分代码为改进 FSFOA 的主代码,涉及参数的设置,分类器模型的生成,对初始化、局部播种、森林规模限制、全局播种、更新最优树等代码的调用。

```
clear;% 清除所有变量
closeall;% 清图
clc;% 清命令行窗口
tic;% 计时
rng(0);% 使被选数据趋于相同
populationSize = 50;% 种群规模(固定参数)
maxGeneration = 500;% 最大进化代数(此处以迭代 500 次为例)
maxTreeAge = 15;% 树龄上限(固定参数)
```

rateOfTransfer = 0.05;% 全局播种候选种群的百分比(固定参数)

LSC = 7 ;

GSC = 15 ;% 因 LSC 和 GSC 的求取方法与 FSFOA 一样,所以这里直接规定二者的数值(此处以 ionosphere 数据集的 LSC 和 GSC 为例)

dataSetName = 'ionosphere. mat';% 测试数据集文件(此处以 ionosphere 数据集为例)

[model] = initModelOfFs(dataSetName, @predictOfKnn);% 调用 initModelOfFs 函数,形成相应的模型(此处以 KNN 分类器模型为例)

population = initialPopulationFs(populationSize, model);% 调用 initialPopulationFs. m 文件,初始化森林

popTreeAge = zeros(populationSize, 1);% 初始化的森林年龄置 0

popFitness = getFitness(population, model);% 调用 getFitness 函数,计算森林适应度值

[bestFitness, I] = max(popFitness);% 找到最大的适应度值 bestFitness 及其所在位置 / 索引 I。

bestIndividual = population(I, :);% 根据上述的索引 I,选出适应度值最大的树用于更新最优树

numOfDecVariables = size(population, 2);% 计算森林的决策变量维度 / 特征维度(ionosphere 数据集维度为 34)

bestIndividualSet = zeros(maxGeneration, numOfDecVariables);% 生成 500 * 34 的零矩阵用于存放每代最优个体

bestFitnessSet = zeros(maxGeneration, 1);% 生成 500 * 1 的零矩阵用于存放每代最高适应度值

avgFitnessSet = zeros(maxGeneration, 1);% 生成 500 * 1 的零矩阵用于存放每代平均适应度值

rng(2);

for i = 1 : maxGeneration　　% 对局部播种、全局播种、森林规模限制、更新最优树四个阶段进行 500 次迭代

　　[population, popTreeAge, popFitness] = localSeedingFs2(population, popTreeAge, popFitness, model, LSC);% 调用 localSeedingFs2. m,完成局部播种

　　fprintf('第 %i 代种群 %d\n', i, size(population, 1));% 输出代码运行到第几代,以及当前的森林规模

　　[population, popTreeAge, popFitness, candidatePop, ~, ~] = populationLimiting(population, popTreeAge, popFitness, populationSize, maxTreeAge);% 调用 populationLimiting 函数,完成森林规模限制

[population, popTreeAge, popFitness] = globalSeedingFs2(population, popTreeAge, popFitness, candidatePop, rateOfTransfer, model, GSC); % 调用 globalSeedingFs2, 完成全局播种

[population, popTreeAge, popFitness, bestIndividual, bestFitness] = updateBestTree(population, popTreeAge, popFitness, bestIndividual, bestFitness); % 调用 updateBestTree 函数, 完成更新最优树

[population, popTreeAge, popFitness, ～, ～, ～] = populationLimiting(population, popTreeAge, popFitness, populationSize, maxTreeAge); % 再次进行森林规模限制, 否则经过多次迭代后, 对于高维数据集会出现森林规模过于庞大的问题

[popRateOfSelected] = getPopRateOfSelected(population, model); % 调用 getPopRateOfSelected 函数, 计算维度缩减率

[bestFitness, I] = max(popFitness); % 找到最大的适应度值 bestFitness 及其所在位置 / 索引 I。此时的 popFitness 经过迭代, 与初始化中的 popFitness 不同

bestIndividual = population(I, :); % 根据上述的索引 I, 选出适应度值最大的树用于更新最优树

bestFitnessSet(i) = bestFitness; % 第 i 代最高适应度

DR(i) = popRateOfSelected(I, :); % 最高分类准确率对应的维度缩减率 DR

avgFitnessSet(i) = mean(popFitness); % 每代适应度值的平均值

if mod(i, 100) == 0   % 每隔 100 代绘制一幅图
        showEvolCurve(1, i, bestFitnessSet, avgFitnessSet); % 调用 showEvolCurve 函数, 绘制每代最高分类准确率和平均分类准确率的进化曲线
    end
    fprintf('第 %i 代种群的最优值 %d:%.4f\n', i, size(population, 1), bestFitness); % 输出第 i 代的最大适应度值
    disp(['DR :', num2str(DR(i))]); % 输出最高分类准确率对应的 DR
end
bestFitnessSetFoaPlus = bestFitnessSet; % 每代最高适应度值的集合
DR = DR'; %DR 转置
max_acc = max(bestFitnessSetFoaPlus); % 经多次迭代后, 从 " 每代最高适应度值的集合 " 中寻找全局最高的分类准确率
max_index = find(bestFitnessSetFoaPlus == max_acc); % 寻找上述 " 全局最高的分类准确率 " 在集合中的位置。会存在最高分类准确率某几代相同的现象, 但其 DR 可能不完全相同
max_DR = max(DR(max_index, :)); % 从上述 " 集合中的位置 " 中寻找最大的 DR

disp(['max_DR :', num2str(max_DR)]); % 输出最大的 DR

```
save('./data/bestFitnessSetFoaPlus.mat', 'bestFitnessSetFoaPlus'); % 保存每代最高适应度
值的集合
time = toc; % 运行时间
disp(['Elapsed time:' num2str(time) ' seconds.']); % 输出运行时间


function showEvolCurve(startI, endI, bestFitnessSet, avgFitnessSet)
% 输入:画图的起始值 startI,画图的结束值 endI,每代最高适应度值 bestFitnessSet,每代平均
适应度值 avgFitnessSet
% 展示种群进化曲线
    scope = startI: endI;
    semilogy(scope, bestFitnessSet(scope)', (scope), avgFitnessSet(scope)','LineWidth',
2); % 画两条曲线。第一条曲线 x 轴长度为 scope,对应的 y 轴值为最高适应度;第二条曲线 x 轴
长度为 scope,对应的 y 轴值为平均适应度。线宽为 2


    title('Population Evolution Curve', 'Fontsize', 20); % 标题字体大小为 20,标题
为"Population Evolution Curve"
    legend('Maximum Fitness', 'Average Fitness'); % 曲线名称分别为"Maximum Fitness"
和"Average Fitness"
    xlabel('The number Of generations', 'Fontsize', 15); % x 轴名称为"The number Of
generations",字体大小为 15
    ylabel('Fitness', 'Fontsize', 15); % y 轴名称为"Fitness",字体大小为 15
    gridon; % 显示轴网格线
    drawnow; % 更新图窗,并处理回调
end
```

7.3.2　initModelOfFs 函数

下面给出 initModelOfFs 函数的程序代码,根据分类器 / 数据集划分方式等情况,利用该函数生成相应分类模型。

```
function [model] = initModelOfFs(dataSetName, classificationModel)
% 输入:数据集 dataSetName 和分类模型 classificationModel
% 输出:模型 model
    dataSetPath = './data/'; % 测试数据集所在路径。本书数据保存在"data" 文件夹下
    variateName = dataSetName(1: find(dataSetName == '.') - 1); % 获取文件名(不含后
缀名):ionosphere
    load([dataSetPathdataSetName]); % 载入数据
    dataSet = eval(variateName); % 所载入的数据集赋值给 dataSet
```

```
if isa(dataSet, 'table')
    dataSet = table2array(dataSet);% 若 dataSet 是"table" 类型,则将数据集的表转换成
数组储存
end
dataSet = fillmissing(dataSet, 'previous'); % 数据若有空缺,则用上一个数来填补空缺

global historyIndividualRecord;% 全局变量,建立 1 行 2 列的历史个体库
    historyIndividualRecord = zeros(1, 2);

model.dataSet = dataSet;%dataSet 放入 model.dataSet
model.sampleLabel = dataSet(:, 1);%dataSet 的第一列为样本标签, 放入
model.sampleLabel
model.sampleFeature = dataSet(:, 2:end);%dataSet 的第二列至最后一列为样本特征
集,放入 model.sampleFeature
[N, D] = size(model.sampleFeature);%N 为样本个数,D 为变量 / 特征个数
model.numOfDecVariables = D;% 将特征数 D 放入 model.numOfDecVariables
model.lower = zeros(1, D);% 生成 1 行 D 列的零矩阵作为最低变量范围,放入
model.lower
model.upper = ones(1, D); % 生成 1 行 D 列全是 1 的矩阵作为最高变量范围,放入
model.upper
model.numOfSample = N;% 样本个数 N,放入 model.numOfSample


% 数据集划分方式:70% ～ 30%(用于 KNN 分类器)
rateOfTrain = 0.7;
rateOfTest = 1 - rateOfTrain;
[trainFeature, trainLabel, testFeature, testLabel] = divideTrainAndTestData7030
(model.sampleFeature, model.sampleLabel, rateOfTrain, rateOfTest);% 生成数据集划分方
式为 70% ～ 30% 的训练集、训练集标签、测试集、测试集标签

model.trainFeature = trainFeature;% 训练集
model.trainLabel = trainLabel;% 训练集标签
model.testFeature = testFeature;% 测试集
model.testLabel = testLabel;% 测试集标签

model.classificationModel = classificationModel;% 分类模型。包括 KNN 分类模型(调用
predictOfKnn),SVM 分类模型(调用 predictofSVM)
```

```
        model. initIndividualFs = @initIndividualFs;% 利用决策变量评分机制,随机选两个值做
比较,选大的值所在的特征赋 1
        model. getIndividualFitness = @getIndividualFitness;% 计算个体适应度
        model. featureScore = getFeatureScore(model);% 构建决策变量评分机制
        model. repairIndividual = @repairIndividual;% 对特征值的大小进行限制,防止其超过变
量范围
        model. getNewIndividual = @getNewIndividual;% 遗传、交叉、变异操作的实现
        model. getTwoRandValue = @getTwoRandValue;% 根据维度随机生成两个数
        model. getRateOfSelected = @getRateOfSelected;% 计算维度缩减率
        model. basePrecision = getIndividualFitness(ones(1, D), model);% 计算全1向量的分类
精度
end


function [featureScore] = getFeatureScore(model)
% 输入:模型 model
% 输出:评分 featureScore
% 构建决策变量评分机制
        numOfDecVariables = model. numOfDecVariables;% 特征维度 numOfDecVariables
        featureMat = eye(numOfDecVariables); % 生成单位矩阵 featureMat
        featureScore = getFitness(featureMat, model);% 调用 getFitness 函数,计算 featureMat 每
行的适应度
end


function[rateOfSelected] = getRateOfSelected(individual, model)
% 输入:树木子集 individual,模型 model
% 输出:维度缩减率 rateOfSelected
% 计算树木的维度缩减率
        individual = round(individual);
        rateOfSelected = 1-sum(individual) / length(individual);% 维度缩减率 = 未被选中的特
征数量 / 特征总数
end
```

7.3.3　initialPopulationFs 函数(初始化阶段)

下面给出 initialPopulationFs 函数的程序代码,它实现了改进森林优化特征选择算法的森林初始化策略。首先,将整个森林初始化为 0;其次,基于决策变量的评分,每次随机选择两特征的评分进行对比,并将评分更高的特征值赋 1;最后,每棵

树进行 $r \times D$ 次对比,完成森林初始化。

```
function [population] = initialPopulationFs(populationSize, model)
% 输入:森林 populationSize 和 model
% 输出:初始化后的森林 population
% 初始化种群
    numOfDecVariables = model.numOfDecVariables;% 森林维度 numOfDecVariables
    population = zeros(populationSize, numOfDecVariables);% 将森林中树木特征值全部
置 0
    for i = 1 : populationSize
        population(i, :) = model.initIndividualFs(model);% 调用 initIndividualFs.m,对每
棵树利用决策变量评分机制,随机选两个值作比较,选大的值所在的特征赋 1
    end
end
```

```
function [individual] = initIndividualFs(model)
% 输入:模型 model
% 输出:完成局部播种的树木子集 individual
    individual = sparseInitIndividual(model);% 调用 sparseInitIndividual
end
```

```
function [individual] = sparseInitIndividual(model)
% 输入:模型 model
% 输出:初始化的树木子集 individual
    featureScore = model.featureScore;% 将 model 中的决策变量评分,赋值给 featureScore
    numOfDecVariables = model.numOfDecVariables;% 将 model 中的维度, 赋值
给 numOfDecVariables

    individual = zeros(1, numOfDecVariables);% 零矩阵初始化一棵树
    for j = 1 : numOfDecVariables * rand    % 进行 rand() * numOfDecVariables 次运行
        [m, n] = getTwoRandValue(numOfDecVariables);% 调用 getTwoRandValue 函数,
随机选取两个不相同维度 / 整数数值
        if featureScore(m) < featureScore(n) % 调用 featureScore 函数
            individual(n) = 1;% 比较两个维度的评分大小,将评分大的维度赋 1(原本为 0)
        else
            individual(m) = 1;% 比较两个维度的评分大小,将评分大的维度赋 1(原本为 0)
```

```
            end
        end
end
```

```
function [x, y] = getTwoRandValue(Upper)
% 输入:数据维度值 Upper
% 输出:两个数值 x 和 y
    R = randperm(Upper);% 将维度打乱生成一维向量 R
    x = R(1);% 取 R 中前两个数值,分别赋值给 x 和 y
    y = R(2);
end
```

7.3.4　localSeedingFs2 函数(局部播种阶段)

下面给出 localSeedingFs2 函数的程序代码,它实现了改进森林优化特征选择算法的局部播种策略。 因局部播种阶段需对单个特征值进行取反,所以 localSeedingFs2 函数中利用评分机制随机选择两特征的评分进行对比,并将评分更高的特征值赋 1。

```
function [newPopulation, newPopTreeAge, newPopFitness] = localSeedingFs2(population,
popTreeAge, popFitness, model, LSC)
% 输入:初始化后的森林 population,年龄 popTreeAge,适应度 popFitness,model,LSC
% 输出:局部播种之后的森林 newPopulation、年龄 newPopTreeAge、适应度 newPopFitness
    [populationSize, numOfDecVariables] = size(population);% 输 出 森 林 的 行 数
populationSize 和列数 numOfDecVariables
    tempPopulation = [];
    for i = 1: populationSize
        if popTreeAge(i) == 0      % 对年龄为 0 的树进行局部播种
            individual = population(i, :);% 依次取森林中的每棵树木进行播种
            childs = zeros(LSC, numOfDecVariables);% 生 成 LSC * numOfDecVariables
的零矩阵,用于存放子代树木
            for j = 1: LSC        % 每棵树进行 LSC 播种,并生成 LSC 个子代树木
                [m, n] = model. getTwoRandValue(numOfDecVariables);   % 调 用
getTwoRandValue. m,随机选取两个不相同的整数 m 和 n
                if model. featureScore(m) < model. featureScore(n)
                    rIndex = n;% 选择评分大的整数 rIndex
                else
                    rIndex = m;
```

```
                end
            newIndividual = individual;% 将父代树木子集给予子代树木 newIndividual
            newIndividual(rIndex) = 1 - newIndividual(rIndex);% 子代树木 rIndex 位
置的特征值由 0 变为 1 或 1 变为 0
                childs(j, :) = newIndividual;% 将子代树木 newIndividual 放入 childs 矩
阵中
            end
            tempPopulation = [tempPopulation; childs];% 所有树木完成局部播种后,
tempPopulation 存放了所有的子代树木
        end
    end
    tempPopTreeAge = zeros(size(tempPopulation, 1), 1);% 所有子代树木年龄为 0
    [tempPopulation] = repairOperation(tempPopulation, model);% 调用 repairOperation.
m,边界限制
    tempPopFitness = getFitness(tempPopulation, model);% 计算所有子代树木的适应度
    popTreeAge = popTreeAge + 1;% 旧树年龄加 1

    newPopulation = [population; tempPopulation];% 旧树和子代树木组成森林
    newPopTreeAge = [popTreeAge; tempPopTreeAge];% 旧树年龄和子代树木年龄组成森
林的年龄
    newPopFitness = [popFitness; tempPopFitness];% 旧树适应度值和子代树木适应度值
组成森林的适应度值
end


function [newPopulation] = repairOperation(population, model)
% 输入:子代森林 population 和 model
% 输出:新的子代树木 newPopulation
% 目的是将超过变量上下限的特征值重新赋值
    newPopulation = zeros(size(population));% 根据子代森林的大小,生成相应大小的零矩
阵 newPopulation
    populationSize = size(population, 1);% 计算子代森林的数量
    for i = 1 : populationSize
        individual = population(i, :);% 依次取子代森林中的每棵树
        newPopulation(i, :) = model.repairIndividual(individual, model);% 调用 repair
Individual. m,限制边界
    end
```

```
end
```

```
function [newIndividual] = repairIndividual(individual，model)
```
% 输入：树木子集 individual，模型 model
% 输出：修正后的树木 newIndividual
% 对特征值的大小进行限制，防止其超过变量范围
```
    lower = model. lower;% 生成 1 行 D 列的零矩阵作为最低变量范围，放入 model. lower
    upper = model. upper;% 生成 1 行 D 列全是 1 的矩阵作为最高变量范围，放入 model. upper
    Flag4ub = individual > upper;% 逐个比较树木中的特征值是否比 upper 大，"是"输出 1，"
否"输出 0
    Flag4lb = individual < lower;% 逐个比较树木中的特征值是否比 upper 小，"是"输出 1，"
否"输出 0
    newIndividual = (individual . * (~ (Flag4ub + Flag4lb))) + upper . * Flag4ub +
lower . * Flag4lb;% 对超过变量范围特征值重新赋值
end
```

7.3.5　populationLimiting 函数（森林规模限制）

下面给出 populationLimiting 函数的程序代码，利用该函数完成森林规模的限制。

```
function [newPopulation，    newPopTreeAge，    newPopFitness，    candidatePop，
candidatePopTreeAge，candidatePopFitness] = populationLimiting(population，popTreeAge，
popFitness，populationSize，maxTreeAge)
```
% 输入：局部播种阶段的森林 population，森林年龄 popTreeAge，森林适应度 popFitness，森林规
模 populationSize（为 50），年龄上限 maxTreeAge（为 15）
% 输出：新的森林 newPopulation，新森林的年龄 newPopTreeAge，新森林的适应度
newPopFitness，候选森林 candidatePop，候选森林年龄 candidatePopTreeAge，候选森林适应
度 candidatePopFitness
% 森林规模限制：将超出森林规模和年龄上限的树木放入候选森林
```
    newPopulation = [];% 新的森林
    newPopTreeAge = [];% 新森林的年龄
    newPopFitness = [];% 新森林的适应度
    candidatePop = [];% 候选森林
    candidatePopTreeAge = [];% 候选森林的年龄
    candidatePopFitness = [];% 候选森林的适应度
    for i = 1 : size(population，1)
        if    popTreeAge(i) < maxTreeAge    % 若局部播种后的树木年龄小于年龄上限 15：
```

　　　　　newPopulation = [newPopulation；population(i,:)];％ 则 将 此 类 树 木 放入 newPopulation

　　　　　newPopTreeAge = [newPopTreeAge；popTreeAge(i)];％ 则将此类树木的年龄放入 newPopTreeAge

　　　　　newPopFitness = [newPopFitness；popFitness(i)];％ 则将此类树木的适应度放入 newPopFitness

　　　else ％ 若局部播种后的树木年龄大于年龄上限 15：

　　　　　candidatePop = [candidatePop；population(i,:)];％ 则将此类树木放入候选森林 candidatePop

　　　　　candidatePopTreeAge = [candidatePopTreeAge；popTreeAge(i)];％ 则将此类树木的年龄放入 candidatePopTreeAge

　　　　　candidatePopFitness = [candidatePopFitness；popFitness(i)];％ 则将此类树木的适应度放入 candidatePopFitness

　　　　end

　　end

　　[newPopFitness，Index] = sort(newPopFitness,'descend');％newPopFitness 的适应度值降序排列,输出降序后的 newPopFitness 和索引 Index

　　newPopTreeAge = newPopTreeAge(Index);％ 将年龄 newPopTreeAge 按照索引重新排序

　　newPopulation = newPopulation(Index,:);％ 将森林 newPopulation 按照索引重新排序

　if size(newPopulation，1) > populationSize ％ 上面删除了超过年龄上限的树木,现在再删除超过森林规模的树木

　　　candidatePop = [candidatePop；newPopulation(populationSize + 1：end,:)];％ 对于森林规模超过 populationSize(为50) 的树木,仅保留前 populationSize(为50) 的树木,其余树木放入候选森林 candidatePop

　　　candidatePopTreeAge = [candidatePopTreeAge；newPopTreeAge(populationSize + 1：end,:)];％ 树木年龄仅保留前 50 个,其余年龄放入 candidatePopTreeAge

　　　candidatePopFitness = [candidatePopFitness；newPopFitness(populationSize + 1：end,:)];％ 适应度仅保留前 50 个,其余适应度放入 candidatePopFitness

　　　newPopulation(populationSize + 1：end,:) = [];

　　　newPopTreeAge(populationSize + 1：end,:) = [];

　　　newPopFitness(populationSize + 1：end,:) = [];

　else ％ 若删除了超过年龄上限的树木后,其余的树木数量少于森林规模 populationSize

　　　n = populationSize − size(newPopulation，1);％ 则先计算目前森林需要多少棵树木,才能使森林达到 50 棵

　　　newPopulation = [newPopulation；candidatePop(1：n,:)];％ 用候选森林中的前 n

棵树木,补全森林

　　　　newPopTreeAge = [newPopTreeAge; candidatePopTreeAge(1 : n, :)];% 候选森林
中前 n 棵树木的年龄,补全森林的年龄

　　　　newPopFitness = [newPopFitness; candidatePopFitness(1 : n, :)];% 候选森林中前
n 棵树木的适应度,补全森林的适应度

　　　　end
end

7.3.6　globalSeedingFs2 函数(全局播种阶段)

　　下面给出 globalSeedingFs2 函数的程序代码,利用该函数完成改进后的全局
播种策略。

function [newPopulation, newPopTreeAge, newPopFitness] = globalSeedingFs2(population,
popTreeAge, popFitness, candidatePop, rateOfTransfer, model,GSC)
% 输入:经森林规模限制后的森林 population,年龄 popTreeAge,适应度 popFitness,候选森林
candidatePop,转换率 rateOfTransfer(为 0.05),model,GSC
% 输出:全局播种后的森林 newPopulation,年龄 newPopTreeAge,适应度 newPopFitness

　　　　numOfnewIndividual = floor(size(candidatePop, 1) * rateOfTransfer);% 用于全局播种
的树木数量 numOfnewIndividual = 候选森林数量 * rateOfTransfer

　　　　goalIndividualId = randperm(size(candidatePop, 1), numOfnewIndividual);% 从候选森
林中随机选取 numOfnewIndividual 个整数,表示第 goalIndividualId 棵树木用于随机播种

　　　　rIndex = randperm(size(candidate Pop, 2), GSC);% 根据候选森林的维度,随机选取 GSC
个特征维度 rIndex

　　　　candidatePopFitness = getFitness(candidatePop, model);% 调用 getFitness,计算候选种
群适应度

　　　　popTemp = selectionOperationOfTournament(candidatePop, candidatePopFitness);% 调
用 selectionOperationOfTournament,输入候选森林 candidatePop 和候选森林的适应
度 candidatePopFitness

　　　　% 输出新森林 popTemp。筛选出更为优秀的树木,从而提高森林总体适应度

　　　　tempPopulation = [];
　　　　for i = 1 : length(goalIndividualId)　　% 全局播种包括两种策略:交叉、变异策略和随机播
种策略
　　　　　　if rand() < rand()　　　　　　% 生成两个随机数进行比较,若满足随机数 1 小于随机数
2,则进行交叉、变异操作
　　　　　　　　[id1, id2] = model.getTwoRandValue(size(popTemp, 1));% 调用

getTwoRandValue,从 popTemp 中随机选择两个整数 id1 和 id2

　　　　individual1 = popTemp(id1, :);% 从 popTemp 中取出第 id1 棵树, 赋值
给 individual1

　　　　individual2 = popTemp(id2, :);% 从 popTemp 中取出第 id2 棵树, 赋值
给 individual2

　　　　[newIndividual] = model. getnewIndividual(individual1, individual2, model);%
调用 getnewIndividual,输入两个树木 individual1 和 individual2, model。输出交叉、变异后的子
代 newIndividual

　　　else % 生成两个随机数进行比较, 若满足随机数 1 大于随机数 2, 则进行随机播种

　　　　id = goalIndividual Id(i);%goalIndividual Id 即为树木的 id

　　　　newIndividual = candidatePop(id, :);% 从候选森林中选择第 id 棵树木

　　　　rIndividual = initialPopulation Fs(1, model);% 用 0 和 1 初始化生成一棵
树 rIndividual

　　　　newIndividual(rIndex) = rIndividual(rIndex);%rIndividual 中第 rIndex 维特征
值, 同时赋值给 newIndividual, 生成子代

　　　end

　　tempPopulation = [tempPopulation; newIndividual];%tempPopulation 用于储存全
局播种生成的所有新树, 新树的数量与旧树一样

　　end

　tempPopTreeAge = zeros(size(tempPopulation, 1), 1);% 新树的年龄置 0

　tempPopFitness = getFitness(tempPopulation, model);% 调用 getFitness,计算新树的适
应度

　　newPopulation = [population; tempPopulation];% 将新树放入森林中

　　newPopTreeAge = [popTreeAge; tempPopTreeAge];% 将新树的年龄放入森林中

　　newPopFitness = [popFitness; tempPopFitness];% 将新树的适应度放入森林中

end

function [newPopulation] = selection Operation OfTournament(population, popFitness)

% 输入:森林 population,适应度值 popFitness(适应度要为非负数)

% 输出:新的森林 newPopulation

% 从候选森林中利用二元锦标赛方法,每次挑选出适应度值较大的树木, 放入 newPopulation 森
林中, 直至 newPopulation 森林规模与 population 森林一致。目的是构造一个整体适应度值较高
的森林。二元锦标赛,适应度越大,被选择的概率越高

　K = 2;

　populationSize = size(population, 1);% 种群规模 populationSize

newPopulation = zeros(size(population));% 待形成的森林 newPopulation 由零矩阵构成

for i = 1：populationSize

　　rs = unidrnd(populationSize，K，1);% 生成 K 行 1 列,不大于 populationSize 的整数

　　tempFitness = popFitness(rs);% 同时返回 rs 的适应度值 temp Fitness

　　[～，index] = sort(temp Fitness);% 将适应度升序,输出其索引 index

　　newPopulation(i，:) = population(rs(index(K))，:);% 将适应度值最大的树木,放

入 newPopulation

　　end

end

function [newIndividual] = getnewIndividual(individual1，individual2，model)

% 输入:两个父代 individual1、individual2 和 model

% 输出:子代树木 newIndividual

% 交叉、变异操作

　　featureScore = model. featureScore;% 决策变量评分

　　newIndividual = individual1;% 令子代个体 newIndividual 与父代 1 相同

% 交叉操作

　　if rand() < 0.5　　　　% 产生随机数 r

　　　　goal = individual1 & (1−individual2);% 若 r 小于 0.5,则" 父代 1"& 非" 父代 2",生

成中间性结果(并非一棵树木)

　　　　num = sum(goal);% 计算这个中间型结果中,被选特征的个数

　　　　if num > 0　　　　% 只有两个父代并非完全一样,才可以进行以下操作

　　　　　　Y = find(goal == 1);% 当被选特征个数大于等于 1 时,输出被选特征的位置

索引

　　　　　　X = randperm(num);% 相当于将上述索引打乱,以保证接下来的选取操作具有

随机性

　　　　　　m = Y(X(1));% 第一个索引为 m,最后一个索引为 n

　　　　　　n = Y(X(end));

　　　　　　if featureScore(m) > featureScore(n)

　　　　　　　　newIndividual(n) = 0;% 比较 m 和 n 的评分,对于评分小的索引,individual1

相应位置为 0,生成子代 newIndividual

　　　　　　else

　　　　　　　　newIndividual(m) = 0;

　　　　　　end

```
            end
        else
            goal = (1-individual1) & individual2;% 若 r 大于 0.5,则非"父代 1"&"父代 2",生成
中间性结果(并非一棵树木)
            num = sum(goal);% 计算这个中间型结果中,被选特征的个数
            if num > 0            % 只有两个父代并非完全一样,才可以进行以下操作
                Y = find(goal == 1);% 当被选特征个数大于等于 1 时,输出被选特征的索引
                X = randperm(num);% 相当于将上述索引打乱,以保证接下来的选取操作具有
随机性
                m = Y(X(1));
                n = Y(X(end));% 第一个索引为 m,最后一个索引为 n
                if featureScore(m) < featureScore(n)
                    newIndividual(n) = 1;% 比较 m 和 n 的评分,对于评分大的索引,individual1
相应位置为 1,生成子代 newIndividual
                else
                    newIndividual(m) = 1;
                end
            end
        end

    % 变异
    if rand() < 0.5        % 再次生成随机数 r
        goal = newIndividual;% 将子代 newIndividual,赋值给 goal 。 若未进行交叉,则
newIndividual = individual1
        num = sum(goal);% 计算子代中被选特征的个数 num
        if num > 0
            Y = find(goal == 1);% 当被选特征个数大于等于 1 时,输出被选特征的索引
            X = randperm(num);% 相当于将上述索引打乱,以保证接下来的选取操作具有
随机性
            m = Y(X(1));
            n = Y(X(end));% 第一个索引为 m,最后一个索引为 n
            if featureScore(m) > featureScore(n)
                newIndividual(n) = 0;% 比较 m 和 n 的评分,对于评分小的索引,子代相应
位置为 0,生成子代 newIndividual
            else
                newIndividual(m) = 0;
```

```
            end
        end
    else
        goal = 1 − newIndividual;% 将子代 newIndividual 进行"非"操作后,赋值给 goal
        num = sum(goal);% 计算子代中未被选中的特征个数。若未进行交叉操作,则
子代 = 父代 1
        if num > 0
            Y = find(goal == 1);% 当被选特征个数大于等于 1 时,输出被选特征的位置／
索引
            X = randperm(num);% 相当于将上述索引打乱,以保证接下来的选取操作具有
随机性
            m = YX(1));
            n = Y(X(end));% 第一个索引为 m,最后一个索引为 n
            if featureScore(m) < featureScore(n)
                newIndividual(n) = 1;% 比较 m 和 n 的评分,对于评分大的索引,子代相应
位置为 1,生成子代 newIndividual
            else
                newIndividual(m) = 1;
            end
        end
    end
end
```

7.3.7　updateBestTree 函数(更新最优树)

下面给出 updateBestTree 函数的程序代码,它实现了森林规模限制。每次迭代都选取适应度值最高的树木作为最优树(newBestFitness),并与已存在的最优树(bestFitness)进行对比、更新。

```
function [population, popTreeAge, popFitness, bestIndividual, bestFitness] =
updateBestTree (population, popTreeAge, popFitness, bestIndividual, bestFitness)
% 输入:完成全局播种后的森林 population,年龄 popTree Age,适应度 popFitness,上次迭代生
成的最大适应度 bestFitness 及其树木 best Individual
% 输出:更新最优树后的森林 population,年龄 popTreeAge,适应度 popFitness,最大适应度
bestFitness 及其树木 bestIndividual
    [newBestFitness, I] = max(popFitness);% 输出最大的适应度 newBestFitness 和对应的
索引 I
    if newBestFitness < bestFitness          % 比较 newBestFitness 和 bestFitness 的大小
```

　　　　population(1,:) = bestIndividual;% 若 newBestFitness 比 bestFitness 小,则森林第一个树更新成适应度最大的树 bestFitness

　　　　popFitness(1) = bestFitness;

　　　　popTreeAge(1) = 0;% 第一棵树年龄置 0

　else

　　　　bestFitness = newBestFitness;% 若 newBestFitness 比 bestFitness 大,则更新最优树 bestFitness,将 newBestFitness 赋值给 bestFitness,用于下次迭代到更新最优树阶段时,进行对比

　　　　bestIndividual = population(I,:);% 选择森林中第 I 棵树,作为最优树

　　　　popTreeAge(I) = 0;% 最优树年龄置 0

　end

end

7.3.8　getFitness 适应度函数

　　下面给出 getFitness 函数的程序代码,利用该函数完成适应度值的计算。每次计算树木适应度前,先查询当前树的 ID 值是否存在于历史数据库中,若存在,则直接调用。

function[popFitness] = getFitness(population, model)

% 输入:森林 population 和 model

% 输出:适应度值 popFitness

% 计算个体适应度

　　populationSize = size(population, 1);% 森林规模 populationSize 大小

　　popFitness = zeros(populationSize, 1);% populationSize * 1 的空向量作为适应度值的存放

　　for i = 1: populationSize% 计算森林所有树木的适应度值,放入 popFitness 中

　　　　individual = population(i,:);% 将每个个体选中

　　　　popFitness(i) = model. getIndividualFitness(individual, model);% 调用 getIndividualFitness. m,利用历史数据库,判断当前树的 ID 是否存在。若存在,则直接调用;若不存在,则计算适应度值

　　end

end

function [individualFitness] = getIndividualFitness(individual, model)

% 输入:树木子集 individual 和 model

% 输出:树木的适应度 individualFitness

　　individual = round(individual);% 若树木特征值为小数,则四舍五入为 0/1

　　globalhistoryIndividualRecord;% 历史数据库

　　id = getIndividualId(individual);% 调用 getIndividualId.m,计算个体 id,不同个体有唯一 id 与之对应

　　index = searchIndex(id, historyIndividualRecord(:, 1));% 调用 searchIndex.m,查找个体是否存在历史个体库中,返回值大于 0 则存在,否则不存在

　　if index == -1

　　　　[precision] = getPrecision(model, individual);% 调用 getPrecision.m ,计算个体的分类准确率

　　　　numOfhistoryRecord = size(historyIndividualRecord, 1);% 历史库中个体数目

　　　　historyIndividualRecord(numOfhistoryRecord + 1, 1) = id;% 将新的 ID 值存入历史数据库的最后一行第一列

　　　　historyIndividualRecord(numOfhistoryRecord + 1, 2) = precision;% 将分类准确率存入历史数据库的最后一行第二列

　　　　index = numOfhistoryRecord + 1;% 历史数据库个体存储量加 1,用于存储新的 ID

　　end

　　individualFitness = historyIndividualRecord(index, 2);% 将新计算的分类准确率值,赋值给输出项:individualFitness

end

function id = getIndividualId(individual)
% 输入:树木子集 individual
% 输出:ID 值
% 例:个体"1011",其 id = 0 + 1 * 20 + 0 * 21 + 1 * 22 + 1 * 23 = 13
　　N = size(individual, 2);% 计算树木的维度 N
　　id = 0;% ID 初始值设为 0
　　for i = 1 : N
　　　　id = id + individual(i) * 2^(i-1);% 计算每棵树的 ID(唯一) 与二进制转换为十进制相似,但是计算顺序相反
　　end
end

function index = searchIndex(y, X)
% 输入:ID 值 y 和历史数据库 X
% 输出:index
　　index = find (y == X);% 查找历史数据库中是否有 y 的 ID 值
　　if isempty(index)　　　% 若没有存在于历史数据库中,则让 index 赋值 -1
　　　　index = -1;

```
else
        index = index(1);% 若存在于历史数据库中,则返回 y 在 X 中的位置:index
    end
end
```

```
function [precision] = getPrecision(model,individual)
% 输入:模型 model 和树木子集 individual
% 输出:分类准确率 precision
% 数据集划分方式 70% 为训练集,30% 为测试集时,则选取以下的代码
trainFeature = model.trainFeature(:,individual == 1);% 将 individual 的被选特征所在的训
练集,赋值给 trainFeature

testFeature = model.testFeature(:,individual == 1); % 将 individual 的被选特征所在的测试
集,赋值给 testFeature
    trainLabel = model.trainLabel;% 训练集标签,赋值给 trainLabel
    testLabel = model.testLabel;% 测试集标签,赋值给 testLabel
    [preLabel] = model.classificationModel(trainFeature,trainLabel,testFeature);% 调用
model 中的分类模型,利用训练集、训练集标签生成分类模型,测试集利用模型进行测试,预测输
出标签
    numOfCorrect = length(find(preLabel == testLabel));% 预测出的标签与正确标签对
比,输出正确标签的个数
    precision = numOfCorrect / length(preLabel);% 分类准确率 = 正确标签个数 / 测试集总
标签数
end
```

7.3.9　数据集划分函数和分类器函数

（1）划分方式:2fold。

以下是对 divideTrainAndTestData2fdd 函数的代码说明,该函数用于将数据集进行二折交叉划分:数据集和对应的标签分为两份,依次取其中一份作为训练集,另一份作为测试集。

```
function [trainFeature,trainLabel,testFeature,testLabel] = divideTrainAndTestData2fold
(sampleFeature,sampleLabel)
% 输入:数据集 sampleFeature,标签 sampleLabel
% 输出:训练集 trainFeature,训练集标签 trainLabel,测试集 testFeature,测试集标签 testLabel
% 二折交叉验证:数据集和对应的标签分为两份,依次取其中一份作为训练集,另一份作为测
试集。
```

rng(0);

　　c = crossvalind('K Fold', sampleLabel, 2); % 二折交叉验证法。给每行数据进行编号，编号为 1 或 2

　　for k = 1:2

　　　　testFeature{k} = sampleFeature(c == k, :); %k = 1 时，编号为 1 的数据为测试集；k = 2 时，编号为 2 的数据为测试集

　　　　testLabel{k} = sampleLabel(c == k); %k = 1 时，编号为 1 的标签为测试集标签；k = 2 时，编号为 2 的标签为测试集标签

　　　　trainFeature{k} = sampleFeature;

　　　　trainFeature{k}(c == k, :) = []; %k = 1 时，编号为 2 的数据为训练集；k = 2 时，编号为 1 的数据为训练集

　　　　trainLabel{k} = sampleLabel;

　　　　trainLabel{k}(c == k) = []; %k = 1 时，编号为 2 的标签为训练集标签；k = 2 时，编号为 1 的标签为训练集标签

　　end

end

　　（2）划分方式：70% 作为训练集，30% 作为测试集。

　　以下是对 divideTrainAndTestData7030 函数的代码说明，该函数用于选取 70% 数据集作为训练集，30% 数据集作为测试集。

function [trainFeature, trainLabel, testFeature, testLabel] = divideTrainAndTestData7030 (sampleFeature, sampleLabel, rateOfTrain, rateOfTest)

% 输入：数据集 sampleFeature，标签 sampleLabel，训练集比例 rateOfTrain，测试集比例 rateOfTest

% 输出：训练集 trainFeature，训练集标签 trainLabel，测试集 testFeature，测试集标签 testLabel

%70% ～ 30%：表示选取 70% 数据集作为训练集，30% 数据集作为测试集

　　rng(0);

　　numOfSample = length(sampleLabel); % 数据数量 numOfSample

　　randIndex = randperm(numOfSample); % 将 numOfSample 打乱

　　numOfTrainSet = floor(numOfSample * rateOfTrain); % 训练集数量 = 总的数据集数量 * 70%

　　numOfTestSet = floor(numOfSample * rateOfTest); % 测试集数量 = 总的数据集数量 * 30%

　　ifnumOfTrainSet + numOfTestSet > numOfSample

　　　　numOfTestSet = numOfSample - numOfTrainSet; % 为防止数据集重复使用。若测试集数量 + 训练集数量 > 数据集总的数量，则测试集数量 = 数据集总的数量 - 训练集数量

```
end
    trainFeature = sampleFeature(randIndex(1:numOfTrainSet),:);% 选取 randIndex 的前
70% 行数字所对应的数据集作为训练集
    trainLabel = sampleLabel(randIndex(1:numOfTrainSet));% 选取 randIndex 的前 70%
行数字所对应的数据集标签作为训练集标签
    testFeature = sampleFeature(randIndex(numOfTrainSet + 1: numOfTrainSet +
numOfTestSet),:);% 选取 randIndex 的后 30% 行数字所对应的数据集作为测试集
    testLabel = sampleLabel(randIndex(numOfTrainSet + 1: numOfTrainSet +
numOfTestSet));% 选取 randIndex 的后 30% 行数字所对应的数据集标签作为测试集标签
end
```

（3）SVM 分类器。

以下是对 predictofSVM 函数的代码说明，该函数对数据集进行 SVM 分类。

```
function [preLabel] = predictofSVM(trainFeature, trainLabel, testFeature)
% 输入:训练集 trainFeature,训练集标签 trainLabel,测试集 testFeature
% 输出:预测的测试集标签 preLabel
for i = 1:length(trainFeature)        % 由于训练集分为两份,因此以下内容以第一份为例
    Category = unique(trainLabel{i});% 输出第一份为训练集标签时的种类 Category
    t = templateSVM('Standardize',true,'KernelFunction','rbf');% 创建 SVM 模型,
核函数为 rbf
    SVM = fitcecoc(trainFeature{i}, trainLabel{i},'Learners',t);% 利用训练集和训练
集标签,训练 SVM 分类器
    preLabel{i} = predict(SVM, testFeature{i});% 将测试集用训练好的 SVM 分类器
预测标签 preLabel
end
end
```

（4）KNN 分类器。

以下是对 predictofKnn 函数的代码说明，该函数对数据集进行 KNN 分类。

```
function [preLabel] = predictOfKnn(trainFeature, trainLabel, testFeature)
% 输入:训练集 trainFeature,训练集标签 trainLabel,测试集 testFeature
% 输出:预测的测试集标签 preLabel
% 数据集划分方式为:70% ~ 30%
    K = 1;% 若为 1NN,则 K = 1;若为 3NN,则 K = 3;若为 5NN,则 K = 5。根据需要更改
    Category = unique(trainLabel);% 输出训练集标签 trainLabel 的种类 Category
    [~,Rank] = sort(pdist2(testFeature, trainFeature),2);% 计算训练集标签与测试集标签
之间的欧氏距离,对矩阵的每一行排序
```

```
if K == 1
```

　　Out = trainLabel(Rank(:,1:K));%Rank 第一列表示训练集标签与测试集标签之间的欧氏距离最短,当分类器为1NN时,可选Rank第一列数值所对应的训练集标签作为预测的标签

```
else
```

　　[~, Out]　 = max(hist(trainLabel(Rank(:,1:K))', Category),[],1);% 当分类器为 3NN/5NN 时,进行此代码运算。输出的 Out 为预测的测试集标签

　　% 以 3NN 为例,Rank 前三列表示训练集标签与测试集标签之间的欧氏距离最短,"trainLabel(Rank(:,1:K))" 表示 Rank 前三列数值所对应的训练集标签

　　%"hist(trainLabel(Rank(:,1:K))', Category)" 为直方图横坐标为 Category 的数值,纵坐标为"trainLabel(Rank(:,1:K))'" 中每行相应横坐标出现的次数

　　Out = Out';% 转置

```
    end
preLabel = Category( Out);% 将测试集标签赋值给 preLabel
end
```

第四单元　稀疏进化算法及其改进

第8章　精英策略的非支配排序遗传算法

8.1　基本思想

2002 年，Deb 等在非支配排序遗传算法（non-dominated sorting genetic algorithm，NSGA）的基础上提出了带精英策略的非支配排序遗传算法（NSGA－Ⅱ），它比 NSGA 算法更加优越。为改善 NSGA 算法中计算量大、目标函数较多条件下耗时长、优秀个体保留概率低和需要人为指定共享半径的问题，NSGA－Ⅱ 算法使用快速非支配排序法将算法的计算复杂度降低，使得算法的计算时间大大减少；采用精英策略扩大采样空间，在保证优秀个体被保留下来的前提下提高算法的运算速度和鲁棒性；此外，还使用了计算个体拥挤度的方法代替需人为指定共享半径的问题，保持了种群的多样性。NSGA－Ⅱ 算法无论在优化效果还是运算时间等方面都比 NSGA 算法有一定的改进，是一种优秀的多目标优化算法。

8.2　NSGA－Ⅱ 的方法原理

8.2.1　快速非支配排序法

快速非支配排序是在 Pareto 支配基础上提出的概念。假设有 K 个目标函数，则其中任意一个目标函数记为 $f_k(X)$，其中 $k \in [1, K]$ 且 k 为整数。若个体 X_1 和 X_2 对于任意的目标函数都有 $f_k(X_1) < f_k(X_2)$，则称个体 X_1 支配 X_2；若对于任意的目标函数都有 $f_{k_1}(X_1) \leqslant f_{k_1}(X_2)$，且至少有一个目标函数满足 $f_{k_2}(X_1) < f_{k_2}(X_2)$ 成立，则称 X_1 弱支配 X_2，$k_1, k_2 \in [1, K]$ 且 $k_1 \neq k_2$；若既存在目标函数使得 $f_{k_1}(X_1) \leqslant f_{k_1}(X_2)$ 成立，又存在目标函数满足 $f_{k_2}(X_1) > f_{k_2}(X_2)$，则称个体 X_1 与 X_2 互不支配。

为种群中的每个个体 X_i 都设置两个变量 n_i 和 s_i，n_i 用于存放种群中支配个体

X_i 的个体数量，s_i 用于存放被个体 X_i 支配的个体的集合。快速非支配排序的步骤如下。

（1）通过循环比较找到种群中所有 $n_i = 0$ 的个体，赋予其非支配等级为 1，并将这些个体存入非支配集合 rank1 中。

（2）对于集合 rank1 中的每一个个体，将其所支配的个体集合中的每个个体的 n_j 都减去 1。若 $n_j - 1 = 0$，则将个体 X_j 存入集合 rank2 中，并赋予 rank2 中的个体非支配等级 2。

（3）对 rank2 中的个体重复上述操作，直至所有个体都被赋予了非支配等级。

8.2.2　基于树的非支配排序法

在多目标优化问题中，提出了许多方法来降低非支配排序的复杂性。然而大多数方法不适用于多目标高维度的优化问题。对此，Tian 等于 2016 年在高效非支配排序方法（ENS）[10] 的基础上开发了一种基于树的非支配排序方法，称为 T－ENS[11]。T－ENS 中用于识别非支配关系的信息被记录在树的节点中，通过节点可以推断出解之间大量的非支配关系，且基于树的非支配排序方法仅需要比较已分配给非支配前沿的解，而不是所有解。此方法大大降低了非支配排序的计算复杂度，提高了非支配排序的效率。

具体来说，T－ENS 的具体实施步骤如下。

（1）假设种群个体数为 N 个，每个个体的目标函数为 K 个，N 个解个体可以表示为 $p_1(f_1(X_1),\ f_2(X_1),\cdots,\ f_K(X_1)),\ p_2(f_1(X_2),\ f_2(X_2),\cdots,\ f_K(X_2)),\cdots,\ p_N(f_1(X_N),\ f_2(X_N),\cdots,\ f_K(X_N))$。其中，$X_i$ 表示第 i 个解，$f_k(X_i)$ 是第 i 个解的第 k 个目标函数值，且 $1 \leqslant k \leqslant K,1 \leqslant i \leqslant N$。以最小化目标为例，T－ENS 首先按照种群个体的第一个目标函数的升序对种群个体进行排序。

（2）用第一个解 p_1 作为第一个非支配层级的树根，属于第一个非支配层级的其他解将被存储为 p_1 的后代。

（3）解 $p_i(2 \leqslant i \leqslant N)$ 首先与根节点进行比较，将二者从第二个目标函数到第 K 个目标函数进行比较，找到满足 $f_j(X_i) < f_j(X_1)$ 的最小值 $j(2 < j \leqslant K)$，即满足条件的最小的第 j 个目标函数，记录此目标函数的序号为 j_0。若不满足条件，则解 p_i 不属于 p_1 所在的非支配层级。

（4）若解 p_i 满足条件（3）中的条件，则检查根节点 p_1 在 j_0 位置上是否有子代。若 p_1 有子代，则解 p_i 需要继续与 p_1 的子代进行比较，以寻找自己的父节点；若 p_1 无子代，则解 p_i 可以直接作为 p_1 的子代，即 p_1 成为 p_i 的父节点。

（5）找到父节点之后，还需要再与父节点左侧所有的节点进行非支配关系比较,判断与父节点左侧所有节点是否处于非支配关系。若都是非支配关系,则 p_i 可以留在此树,即留在 p_1 所在的非支配层级;若存在一组比较结果不是非支配关系,则解 p_i 不属于 p_1 所在的非支配层级。

(6)重复上述过程,直到检查完群体中的所有解为止。第一个非支配层的树构建完成后,开始为第二个非支配层级构建树,直到群体中的所有解都被分配到一棵树上。

为说明上述过程,以图 8.1 所示的树形非支配排序实例为例进行说明。可以看出,此棵树的根节点为 1 号解,按照上述步骤,对于 2 号解,假设 2 号解的第 2 维目标函数优于 1 号解,说明二者互相非支配,则 2 号解在 1 号解的第 2 维目标函数上成为 1 号解的子代。

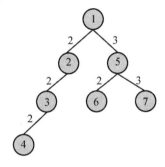

图 8.1 树形非支配排序实例

然后考虑 3 号解,假设 3 号解的第 2 维目标函数优于 1 号解。由于 1 号解的子代已经是 2 号解,因此 3 号解需要与 2 号解进行比较,假设 3 号解的第 2 维目标函数优于 2 号解,说明二者互相非支配,则 3 号解在 2 号解的第 2 维目标函数上成为 2 号解的子代。

对于 4 号解,假设它的情况与 3 号解类似,先与 1 号解进行比较,在第 2 维目标函数上优于 1 号解,再与 2 号解进行比较,在第 2 维目标函数上优于 2 号解。由于 2 号解的第 2 维目标函数上已经有子代 3 号解,因此 4 号解继续与 3 号解进行比较。假设 4 号解在第 2 维目标函数上优于 3 号解,则 4 号解在 3 号解的第 2 维目标函数上成为 3 号解的子代。

对于 5 号解,假设其在第 2 维目标函数上劣于 1 号解但在第 3 维目标函数上优于 1 号解。由于 1 号解在第 3 维目标函数上没有子代,因此 1 号解可作为 5 号解的父亲。但 5 号解是否可以留在此棵树,不仅要与父节点满足非支配关系,还要与父节点左侧所有子节点满足非支配关系。因此,5 号解需要与 2、3、4 号解进行非支配关系判断。若均满足非支配关系,则 5 号解留在此树,并作为 1 号解在第 3 维目标函数上的子代;若不满足非支配关系,则此树舍弃 5 号解。

对于 6 号解,与 1 号解比较确定 6 号解在第 3 维目标函数上更优,再与 1 号解的第 3 维目标函数上的 5 号子代比较,假设其在第 2 维目标函数上劣于 5 号解,则 6 号解的父代是 5 号解。然后 6 号解再与 2、3、4 号解进行非支配关系判断。若均满足非支配关系,则 6 号解留在此树,并作为 5 号解在第 2 维目标函数上的子代;若不满足非支配关系,则此树舍弃 6 号解。

对于 7 号解,与 6 号解情况类似,先找到父代是 5 号解,再与父代左侧 2、3、4、6 号解进行非支配关系判断。若均满足非支配关系,则留在此树作为 5 号解在第 3 维目标函数上的子代;若不满足非支配关系,则此树舍弃 7 号解。

8.2.3　精英策略

NSGA－Ⅱ引入了精英策略,达到保留优秀个体、淘汰劣等个体的目的。精英策略通过将父代与子代个体混合形成新的种群,扩大了产生下一代个体时的筛选范围。在图 8.2 所示的精英策略原理中,设父代种群、子代种群的个体数量均为 N,r_i 表示第 i 个非支配层。精英选择具体步骤如下。

(1) 将父代种群和子代种群合并形成个体数为 $2N$ 的新种群,然后对新种群中的个体进行非支配排序。在图 8.2 的示例中,假设将新种群分成了 L 个非支配层。

(2) 根据非支配层级从新种群中挑出下一轮迭代的父代备选种群。先将非支配层级为 1 的非支配个体放入父代备选种群中,然后依次将非支配层级为 $2 \sim l-1$ 的个体放入父代备选种群,以此类推。

(3) 若等级为前 $l-1$ 的个体全部放入父代备选种群中后,集合中个体的数量小于 N,而等级为 l 的个体全部放入父代备选种群中后,集合中的个体数量大于 N,则对第 l 等级的个体计算拥挤度,并将所有个体按拥挤度进行降序排列。然后将等级大于等于 $l+1$ 的个体全部淘汰。

(4) 将等级 l 中的个体按拥挤度排好的顺序逐个放入父代备选种群中,直到父代备选种群中的个体数量等于 N,剩余的个体被淘汰。

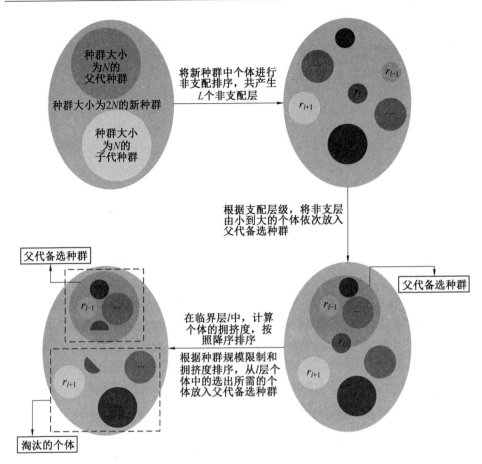

图 8.2　精英策略原理

8.2.4　拥挤度策略

在 NSGA 算法中,需要指定共享半径,这对经验要求较高。为克服这一缺点, NSGA — Ⅱ 引用了拥挤度的概念。拥挤度表示空间中个体的密度值,直观上可以用个体 X_i 周围不包括其他个体的长方形表示。拥挤度策略如图 8.3 所示。

拥挤度策略计算是针对于同一层 Pareto 等级中的个体,在对某一层 Pareto 等级的个体进行拥挤度计算时,假设该等级共有 M 个个体,第 i 个个体用 X_i 表示, i 为 $[1,M]$ 中的任意整数, X_{i-1}、X_{i+1} 分别为与个体 X_i 在同一支配等级中的前后的个体。记同一支配等级中的第一个个体 X_1 和最后一个个体 X_M 的拥挤度为 ∞,记该支配等级中其余第 i 个个体 X_i 的拥挤度为 y_i,初始值设为 0。每个个体的拥挤距离为

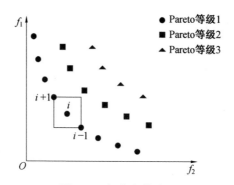

图 8.3　拥挤度策略

$$y_i = (f_1(X_{i-1}) - f_1(X_{i+1})) + (f_2(X_{i+1}) - f_2(X_{i-1})) \qquad (8.1)$$

即图 8.3 中四边形的长和宽之和。

8.2.5　二元锦标赛选择策略

为选择出优秀的父代进行遗传操作,NSGA－Ⅱ算法使用二元锦标赛策略来选择父代。二元锦标赛策略是指每次从种群中随机抽取两个个体,比较它们的非支配层级和拥挤度,选择非支配层级和拥挤度较优秀的个体作为父代。重复该过程,直到选出足够数量的父代。二元锦标赛策略的具体实施步骤如下。

(1) 从父代备选种群中随机抽取两个个体,假设记为 A 和 B。

(2) 提取 A 和 B 的非支配层级和拥挤度,比较它们的大小。

(3) 如果 A 的非支配层级小于 B 的非支配层级,选择 A 作为父代。如果 A 的非支配层级大于 B 的非支配层级,选择 B 作为父代。如果 A 的非支配层级等于 B 的非支配层级,此时再比较二者的拥挤度,如果 A 的拥挤度小于或等于 B 的拥挤度,选择 A 作为父代,否则选择 B 作为父代。

(4) 将选出的父代放入父代种群中,直到集合的大小达到预定的数量。

(5) 返回父代种群,用于后续的交叉和变异。

8.3　NSGA－Ⅱ算法步骤

NSGA－Ⅱ算法步骤如下。

① 初始化种群并设置进化代数 Gen ＝1。

② 计算初始化种群的非支配层级和拥挤度,利用二元锦标赛策略选出进行遗传的父代种群。

③ 将选出来的父代进行交叉和变异操作,产生子代种群。

④ 将父代种群与子代种群合并为新种群,新种群利用精英策略选出父代备选

种群。

⑤ 计算父代备选种群的非支配层级和拥挤度，利用二元锦标赛策略选出进行遗传的父代种群。

⑥ 对父代种群进行交叉和变异操作，生成子代种群。

⑦ 判断 Gen 是否小于最大进化代数。若小于，则进化代数 Gen=Gen+1，返回步骤 ④；否则，算法运行结束。

8.4 NSGA－Ⅱ 的 MATLAB 实现

8.4.1 NSGA－Ⅱ 算法

此代码基于 PlatEMO 平台编写及运行，利用 PlatEMO 平台中 ALGORITHM 类提供的通用方法和属性，其中 Population 和 Problem 中包含的各个变量注释说明如图 8.4 和图 8.5 所示。

属性 ▲	值	
dec	*1x11 double*	解的决策变量
obj	[0.5042,1.6832]	解的目标函数值
con	0	解的约束条件
add	*[]*	解的附加条件

图 8.4 Population 中包含的各个变量注释说明

属性 ▲	值	
N	100	问题解的个数
FE	100	问题消耗的评估次数
M	2	问题目标函数维度
D	11	问题决策变量维度
maxFE	10000	问题最大函数评估次数
encoding	'real'	问题决策变量输入参数类型
lower	*1x11 double*	问题决策变量最小值边界
upper	*1x11 double*	问题决策变量最大值边界
optimum	*10000x2 double*	问题的最优值
PF	*100x2 double*	问题帕累托前沿数据
parameter	*0x0 cell*	问题的其他参数

图 8.5 Problem 中包含的各个变量注释说明

```
classdef NSGAII < ALGORITHM
% 定义类名为 NSGAII,并继承了超类 ALGORITHM。
methods
function main(Algorithm, Problem)
% 函数有两个输入参数：Algorithm 和 Problem
% Algorithm 是 NSGA－Ⅱ 类的一个对象，它包含了一些与算法相关的属性和方法；Problem 是
```

一个问题类的对象,它包含了一些与待求解的优化问题相关的属性和方法

Population ＝ Problem. Initialization();

％调用 Problem 对象的 Initialization 方法,它生成了一个随机的初始种群,并赋值给变量 Population。 Population 是一个结构体,它包含了种群中解的信息

[～, FrontNo, CrowdDis] ＝ EnvironmentalSelection(Population, Problem. N);

％调用环境选择 EnvironmentalSelection 函数,对初始种群进行了非支配排序和拥挤距离计算,返回三个输出参数:N＊1 大小的非支配等级矩阵 Front No、N＊1 大小的拥挤距离矩阵 CrowdDis 和占位符 ～。其中,N 表示种群大小

while Algorithm. NotTerminated(Population)

MatingPool ＝ TournamentSelection(2, Problem. N, FrontNo, － CrowdDis);

％调用 TournamentSelection 函数,它根据非支配等级和拥挤距离对种群进行二元锦标赛选择,将选择出的父代的索引储存在 MatingPool。MatingPool 包含的是被选择用于交叉变异的解的索引

Offspring　 ＝ OperatorGA(Population(MatingPool));

％调用 OperatorGA 函数,它对 Mating Pool 中选出的解进行遗传操作,并返回一个子代结构体种群 Offspring。其包含的属性与 Population 结构体中属性一致

[Population, FrontNo, CrowdDis] ＝ EnvironmentalSelection([Population, Offspring], Problem. N);

％再次调用 EnvironmentalSelection 函数,但这次以 Population 和 Offspring 合并矩阵作为输入参数,对合并种群进行非支配等级和拥挤距离计算并返回三个输出参数:结构体 Population、N＊1 大小的非支配等级矩阵 FrontNo 和 N＊1 大小的拥挤度距离矩阵 CrowdDis

end

end

end

end

8.4.2　EnvironmentalSelection 函数

以下是对 EnvironmentalSelection 函数的代码说明,该函数对种群进行环境选择以保持种群的规模不变。

％环境选择函数,是 PlatEMO 平台内置函数

function [Population, FrontNo, CrowdDis] ＝ EnvironmentalSelection(Population, N)

％输入参数:Population, N。 Population 表示一个种群,以结构体形式存储种群中每个解的相关信息;N 表示种群大小

％ 输出参数：Population，FrontNo，CrowdDis。 FrontNo 是一个向量，表示每个个体所属的非支配层编号。CrowdDis 表示 N ∗ 1 大小的拥挤度距离矩阵

%% 非支配排序

[FrontNo,MaxFNo] = NDSort(Population. objs, Population. cons, N)；

％ 调用 NDSort 函数进行非支配排序操作，NDSort 函数是 PlatEMO 平台的内置函数

％ NDSort 函数的输入参数是 Population. objs、Population. cons 和 N。 Population. objs 是一个 N ∗ M 的目标函数值矩阵，Population. cons 是一个 N ∗ C 的约束条件矩阵。其中，N 是种群大小，M 是目标函数个数，C 是约束条件的个数

％ NDSort 函数的输出参数是 FrontNo 和 MaxFNo。 FrontNo 是一个 N ∗ 1 的非支配等级矩阵，MaxFNo 表示的是当前种群中最大非支配等级，是一个整数

Next = FrontNo < MaxFNo；

％ 根据 FrontNo 和 MaxFNo 生成一个逻辑向量 Next。 Next 变量表示当前种群中除最后一层非支配解外（即非支配等级小于最大非支配等级）所有解都被选择为下一代种群

%% 计算每个解的拥挤度距离

CrowdDis = CrowdingDistance(Population. objs, FrontNo)；

％ 调用 CrowdingDistance 函数，CrowdingDistance 函数是 PlatEMO 框架中内置的函数，它根据种群中每个解的目标函数值和非支配等级计算其在目标空间中的拥挤程度，并赋值给 CrowdDis 变量，它是一个 N ∗ 1 大小的矩阵

%% 选择最后一层非支配层的解

Last = find(FrontNo =＝ MaxFNo)；

％ 利用 find 函数找出 FrontNo 向量中等于 MaxFNo 的元素的索引，并赋值给 Last 变量

[∼,Rank] = sort(CrowdDis(Last),'descend')；

％ 利用 sort 函数对 CrowdDis 向量中 Last 索引对应的元素进行降序排序，并返回两个输出参数：∼ 和 Rank。 ∼ 是一个占位符，用于忽略排序后的值；Rank 是一个向量，表示 Last 中索引对应解按照拥挤距离降序排列后在 Last 中的位置

Next(Last(Rank(1：N − sum(Next)))) = true；

％ 根据 Rank 向量和 Next 向量，从 Last 向量中选取一定数量的索引，并将 Next 向量中相应位置的元素设为 true。这一步的目的是从最后一层非支配解中根据拥挤距离选择出一些解，使得总共被选择的解的个数等于期望的种群大小 N

%% 下一代种群

Population = Population(Next)；％ 根据 Next 向量，从 Population 对象中选取被选择为下一代种群的解，并赋值给 Population 对象。这一步的目的是更新 Population 对象，使其只包含被选

择出的解

FrontNo = FrontNo(Next);% 根据 Next 向量,从 FrontNo 向量中选取被选择为下一代种群的解对应的非支配等级,并赋值给 FrontNo 向量

CrowdDis = CrowdDis(Next);　　% 根据 Next 向量,从 CrowdDis 向量中选取被选择为下一代种群的解对应的拥挤距离,并赋值给 CrowdDis 向量

end

8.4.3　NDSort 函数

以下是对 NDSort 函数的代码说明,该函数对种群进行非支配排序。

% PlatEMO 平台自带函数,包括一个主函数和两个子函数,分别是 NDSort、ENS_SS 和 T_ENS。主函数 NDSort 是一个非支配排序函数

%% 主函数 NDSort

function[FrontNo,MaxFNo] = NDSort(varargin)

% 输入参数 varargin,varargin 可以包含两个或三个参数

% 返回两个输出 FrontNo 和 MaxFNo。 FrontNo 是一个向量,表示每个个体所属的非支配层编号;MaxFNo 是一个整数,表示最大的非支配层编号

PopObj = varargin{1};

% 将第一个参数赋值给 PopObj。PopObj 是一个矩阵,表示种群中每个个体的目标函数值

　[N,M] = size(PopObj);% 获取 PopObj 的行数 N 和列数 M。N 表示种群的规模,即个体的数量;M 表示目标的维度,即目标函数的数量

if nargin == 2　　% 判断输入参数的数量是否等于 2

　　nSort　 = varargin{2};% 将第二个参数赋值给 nSort。nSort 是一个整数,表示需要排序的个体数目

else　　% 如果输入参数的数量不等于 2

　　PopCon = varargin{2};% 将第二个参数赋值给 PopCon。PopCon 是一个矩阵,表示种群中每个个体的约束违反度

　　nSort　 = varargin{3};% 将第三个参数赋值给 nSort。nSort 是一个整数,表示需要排序的个体数目

　　Infeasible　 = any(Pop Con > 0,2);% 判断哪些个体是不可行的,即约束违反度大于 0 的个体,并将结果赋值给 Infeasible

　　PopObj(Infeasible,:)　 = repmat(max(PopObj, [ ],1),sum(Infeasible),1) + repmat(sum(max(0, PopCon(Infeasible,:)),2),1,M);

　　　　% 对不可行个体的目标函数值进行惩罚处理,即将它们替换为可行个体中最差的目标函数值加上不可行个体自身的约束违反度之和。这样做是为了让不可行个体在排序时处于最低层

　　　　end

　　　　if M < 3 ‖ N < 500　　　　% 判断目标维度 M 是否小于 3 或种群规模 N 是否小于 500。
% 若满足,则使用顺序搜索的方法来判断每个个体是否被支配

　　　　　　[FrontNo,MaxFNo] = ENS_SS(PopObj,nSort);

　　　　　　% 调用子函数 ENS_SS,将 PopObj 和 nSort 作为输入参数,并返回 FrontNo 和 MaxFNo 作为输出参数。FrontNo 是一个向量,表示每个个体所属的非支配层编号。MaxFNo 是一个整数,表示最大的非支配层编号

　　　　else
% 否则使用基于树的高效非支配排序算法,这种算法使用了一种树结构来存储和搜索每个个体的支配关系

　　　　　　[FrontNo,MaxFNo] = T_ENS(PopObj,nSort);

　　　　　　% 调用子函数 T_ENS,将 PopObj 和 nSort 作为输入参数,并返回 FrontNo 和 MaxFNo 作为输出参数。FrontNo 是一个向量,表示每个个体所属的非支配层编号;MaxFNo 是一个整数,表示最大的非支配层编号

　　　　end
end

%% 子函数 ENS_SS
% 这个函数的目的是找出一组解,使得它们在多个目标函数上都表现得比其他解好或至少不差
function [FrontNo,MaxFNo] = ENS_SS(PopObj,nSort)
% 输入参数 PopObj 和 nSort,输出参数 FrontNo 和 MaxFNo
%% PopObj 是一个矩阵,每一行代表一个解个体的目标函数值;nSort 是一个正整数,表示需要参与非支配排序的解个体数目;FrontNo 是一个向量,表示每个解个体所属的 Pareto 前沿层级编号;MaxFNo 是一个正整数,表示所有解个体的 Pareto 前沿的最大层级编号

　　　　[PopObj,∼,Loc] = unique(PopObj,'rows');　　　　% 使用 unique 函数去除 PopObj 中重复的行,且将 PopObj 按照第一个目标函数从小到大排序,返回去重后的 PopObj 和每个样本对应的位置索引 Loc

　　　　[C,ia,ic] = unique(A,'rows') 执行的结果是 C = A(ia,:) 且 A = C(ic,:)。即将 A 中重复行去除,并按照第一列从小到大的顺序进行排序后得到 C,因此 C 的行数 ≤ A 的行数,而 ic 的行数 = A 的行数。例如,PopObj 有 200 行,其中第 78 行和第 105 行的值是重复的,则删除其中

一个值后 C 的行数为 199,再将 C 按照第一列从小到大的顺序进行排序,原来第 78 行的值排在了第 178 行,则 ic 的第 78 行和第 105 行的值都是 178,表示现在 C 矩阵中的第 178 行的值位于原来 PopObj 矩阵的第 78 行和第 105 行,所以 ic 的行数与 PopObj 的行数相等

Table = hist(Loc,1:max(Loc));% 使用 hist 函数统计 Loc 中每个位置索引出现的次数,并存储在 Table 中。在上面举的例子中,Loc 中的最大值是 199,因为 PopObj 中有一行重复了,所以删去 1 行后,还剩 199 行。Table 为 1×199 的全 1 向量

[N,M] 　= size(PopObj); 　% N 和 M 分别为此时 PopObj 的行数和列数

FrontNo = inf(1, N); 　　　% 创建值为 Inf 的 $1 \times N$ 矩阵,初始化 FrontNo 为无穷大

MaxFNo 　= 0; 　　　% 初始化 MaxFNo 为 0

while sum(Table(FrontNo < inf)) < min(nSort,length(Loc))

% 使用 while 循环,直到满足 Table 中 FrontNo 小于无穷大的元素之和小于 nSort 和 Loc 的长度中较小的一个

% 这个条件的意思是,只要还有未分配 Pareto 前沿编号的解,就继续循环

MaxFNo = MaxFNo + 1;% 更新当前的 Pareto 前沿编号。每执行完下面的一轮 for 循环,即从第一行到第 N 行筛选完一轮,则将 N 个解中应该归属于同一层的解个体都挑选出来,所以重新开始一轮循环时,都表示要找出新一层的 Pareto 前沿,应该把 MaxFNo 加一

% 排序算法的核心部分。它使用了两层 for 循环,外层循环遍历所有的解,内层循环判断每个解是否被支配

% 接下来执行循环,将 N 个解都筛查一遍,确定哪些解能留在当前的 MaxFNo 层

for i = 1 : N 　　% 开始外层循环,i 从 1 遍历到 N,N 是 PopObj 的行数,i 指向 PopObj 的第 i 行

if FrontNo(i) == inf 　　% 判断当前的解是否已经分配了 Pareto 前沿编号。如果 FrontNo(i) 等于无穷大,表示这个解还没有分配编号,需要进行支配关系判断;如果不等于无穷大,表示这个解已经分配了编号,可以跳过

Dominated = false;% 创建一个变量 Dominated,并赋值为 false。这个变量用来记录当前的解是否被支配

for j = i−1 : −1 : 1 　　% 开始内层循环,使用 for 关键字创建一个从 i−1 到 1 递减的循环变量 j,表示要与当前解进行比较的解在 PopObj 矩阵中的行号。之所以可以只与 1:i−1 行进行比较,是因为在"[PopObj, ∼, Loc] = unique(PopObj,'rows'); " 语句中,已经对 PopObj 按照第一列从小到大的顺序进行了排序,所以第 i 行以后的解,其第一个目标函数值比第 i 行的第一个目标函数值要大,不可能支配第 i 行的解

if FrontNo(j) == MaxFNo 　　% 如果 FrontNo(j) 等于 MaxFNo,表示这个解属于当前的 Pareto 前沿,需要与第 i 个解进行比较,以确定第 i 个解是不是能留在 MaxFNo 层,

如果第 i 个解和第 j 个解互不支配,则第 i 个解也能留在 MaxFNo 层,否则就是第 j 个解支配了第 i 个解,因为第 j 个解的第一个目标函数已经优于第 i 个解了,所以不会存在第 i 个解支配了第 j 个解的情况;如果 FrontNo(j) 不等于 MaxFNo,表示这个解属于其他层的 Pareto 前沿,可以跳过当前 j,执行 for 循环的下一次循环,因为它不会影响第 i 个解在当前 MaxFNo 层的去留

$$m = 2;$$ % 由于 PopObj 已经按照第一个目标函数从小到大的顺序进行了排序,因此只需要比较第二个目标函数和第三个目标函数即可,循环执行 m = 2 和 m = 3,即 PopObj 的第二列和第三列的比较。注意,第 i 行的第一个目标函数已经大于第 j 行的第一个目标函数,如果第 i 行的其余目标函数都大于第 j 行,则第 i 个解被第 j 个解支配

$$while\ m <= M\ \&\&\ PopObj(i,m) >= PopObj(j,m)$$

$$m = m + 1;$$ % 如果第 i 行的第二个目标函数大于第 j 行的第二个目标函数,则需要继续比较第三个目标函数,所以 m 增加 1

$$end$$

$$Dominated = m > M;$$ % 如果 m 大于 M,说明第 i 行的每个目标函数都大于第 j 行的每个目标函数,即第 i 个解被第 j 个解支配,标志位 Dominated 被置 1。如果 m 不大于 M,说明第 i 行中存在目标函数优于第 j 行,所以第 i 个解没有被第 j 个解支配,标志位 Dominated 仍然为 0

$$if\ Dominated\ \|\ M == 2$$

% 判断是否需要跳出内层循环。如果 Dominated 为 1,表示第 i 个解已经被支配了,不可能保留在当前 Max FNo 层,没有必要再与其他的解进行比较;如果 M 等于 2,表示只有两个目标函数,已经比较完了,也没有必要再进行比较。这两种情况下,都需要跳出内层循环

$$break;$$

$$end$$

$$end$$

$$end$$

$$if \sim Dominated$$

% 判断第 i 个解是否属于当前 MaxFNo 层。如果 Dominated 为 0,表示第 i 个解没有被任何属于当前 MaxFNo 层的解支配,那么第 i 个解也属于当前 MaxFNo 层;如果 Dominated 为 1,表示第 i 个解被某个属于当前 Max FNo 层的解支配了,则第 i 个解不属于当前 Pareto 前沿

$$FrontNo(i) = MaxFNo;$$ % 给第 i 个解分配 Pareto 前沿编号

$$end$$

$$end$$

$$end$$

$$end$$

FrontNo = FrontNo(:, Loc);% 根据 Loc 向量将确定好的 Pareto 前沿编号还原为操作"[PopObj, ~, Loc] = unique(PopObj,′rows′);" 之前的排序
end

%% 子函数 T_ENS
function [FrontNo,MaxFNo] = T_ENS(PopObj,nSort)
% 输入参数 PopObj 和 nSort,输出参数 FrontNo 和 MaxFNo
% PopObj 是一个矩阵,每一行代表一个解个体的目标函数值;nSort 是一个正整数,表示需要参与非支配排序的解个体数目;FrontNo 是一个向量,表示每个解个体所属的 Pareto 前沿层级编号;MaxFNo 是一个正整数,表示所有解个体的 Pareto 前沿的最大层级编号

[PopObj, ~, Loc] = unique(PopObj,′rows′);
% 使用 unique 函数去除 PopObj 中重复的行,且将 PopObj 按照第一个目标函数从小到大排序,返回去重后的 PopObj 和每个样本对应的位置索引 Loc。具体参见函数 ENS_SS 中的注释

Table = hist(Loc,1:max(Loc));% 使用 hist 函数统计 Loc 中每个位置索引出现的次数,并存储在 Table 中
[N,M] = size(PopObj); % N 和 M 分别为此时 PopObj 的行数和列数
FrontNo = inf(1, N); 　　　　% 创建值为 Inf 的 1×N 矩阵,初始化 FrontNo 为无穷大
MaxFNo = 0; 　　　　% 初始化 MaxFNo 为 0

Forest = zeros(1, N);% 首先创建一个长度为 N 的向量 Forest,并把所有元素初始化为 0。这个向量用来存储每个 Pareto 前沿的根节点
Children = zeros(N,M−1);% 创建一个 N 乘 M−1 的矩阵 Children,并把所有元素初始化为 0。这个矩阵用来存储每个节点的子节点
LeftChild = zeros(1, N) + M;% 创建一个长度为 N 的向量 LeftChild,并把所有元素初始化为 M。这个向量用来存储每个节点的左剪枝位置
Father = zeros(1, N);% 创建一个长度为 N 的向量 Father,并把所有元素初始化为 0。这个向量用来存储每个节点的父节点
Brother = zeros(1, N) + M;% 创建一个长度为 N 的向量 Brother,并把所有元素初始化为 M。这个向量用来存储每个节点的右剪枝位置
% 这六句是为了创建一些树形结构相关的变量

[~, ORank] = sort(PopObj(:,2:M),2,′descend′); 　　　% 使用 sort 函数对 PopObj 矩阵的第二列到第 M 列按行进行降序排序,并返回输出参数 ORank,ORank 为 M−1 列的矩阵,每一行

记录了该行的 M−1 个目标函数进行降序排序后的索引值

ORank ＝ ORank ＋ 1；% 把 ORank 矩阵中的每个元素加一,表示从第一列开始计数

while sum(Table(FrontNo ＜ inf)) ＜ min(nSort,length(Loc))
% 使用 while 循环,直到满足 Table 中 FrontNo 小于无穷大的元素之和小于 nSort 和 Loc 的长度中较小的一个

% 这个条件的意思是,只要还有未分配 Pareto 前沿编号的解,就继续循环

MaxFNo ＝ MaxFNo ＋ 1；% 更新当前的 Pareto 前沿编号。每执行完下面的一轮 for 循环,即从第一行到第 N 行筛选完一轮,则将 N 个解中应该归属于同一层的解个体都挑选出来,所以重新开始一轮循环时,都表示要找出新一层的 Pareto 前沿,应该把 MaxFNo 加一

root ＝ find(FrontNo ＝＝ inf,1)；% 找出第一个未分配编号的解作为根节点。使用 find 函数在 Front No 向量中查找值为无穷大的元素,并返回第一个满足条件的索引 root

Forest(MaxFNo) ＝ root；% 把根节点存储在 Forest 向量中。把 Forest(MaxFNO) 赋值为 root,表示第 MaxFNo 个 Pareto 前沿的根节点是 root

FrontNo(root) ＝ MaxFNo；% 给根节点分配 Pareto 前沿编号。把 FrontNo(root) 赋值为 MaxFNo,表示根节点属于第 MaxFNo 个 Pareto 前沿

for p ＝ 1 : N　　　% 开始外层循环,p 从 1 遍历到 N,N 是 PopObj 的行数
　　if FrontNo(p) ＝＝ inf　% 判断当前的解是否已经分配了 Pareto 前沿编号。如果 FrontNo(p) 等于无穷大,表示这个解还没有分配编号,需要进行支配关系判断;如果不等于无穷大,表示这个解已经分配了编号,可以跳过

Pruning ＝ zeros(1, N)；% 创建一个长度为 N 的向量 Pruning,并把所有元素初始化为 0。这个向量用来记录 q 节点每次跟其他节点比较时被剪枝的位置,即其他节点目标函数值优于 q 节点的位置

q ＝ Forest(MaxFNo)；% 获取当前 Pareto 前沿的根节点所在行号。把 Forest(MaxFNo) 赋值给变量 q,p 节点将与根节点即 q 所指向的节点进行比较

while true
　　m ＝ 1；% 创建一个变量 m,并赋值为 1。这个变量用来记录当前要比较的目标函数在 PopObj 矩阵中的列号

　　while m ＜ M ＆＆ PopObj(p, ORank(q,m)) ＞＝ PopObj(q, ORank(q,m))

% 循环的条件是 m 小于 M,并且 PopObj(p, ORank(q,m)) 大于等于 PopObj(q, ORank(q,m))。因为 p 节点的第一个目标函数已经比 q 节点差,所以只需要检查剩余的 2:M−1 个目标函数中,p 节点是否有一个目标函数比 q 节点的更优,如果存在这样的目标函数,则跳出循环,不用继续查找

　　　　　　　　m ＝ m＋1;％m 加一,继续比较下一个目标函数

　　　　　　end

　　　　if m ＝＝ M　　　％ 判断是否已经比较完所有目标函数。如果 m 等于 M,表示已经比较完所有目标函数,说明 p 节点的所有目标函数都比 q 节点的要差,p 节点不能与 q 节点保留在同一非支配层。此时跳出"while true" 循环,由于也不满足"if m ＜ M",因此直接执行 p＋1,判断下一个 p 节点

　　　　　　break;

　　　　else　　％ 否则,m 小于 M,即还有未比较完的目标函数,说明 p 节点在某个目标函数上比 q 节点更优。此时需要进行剪枝位置记录

　　　　　　Pruning(q) ＝ m;％ 将 p 节点优于 q 节点的目标函数索引值存入 Pruning(q) 中,这个索引称为剪枝位置

　　　　　　if Left Child(q) ＜＝ Pruning(q)　　％ 判断 q 节点的最左边的子节点是否在当前剪枝位置之前。如果 Left Child(q) 小于等于 Pruning(q),表示 q 节点的最左边的子节点在剪枝位置之前或等于剪枝位置,那么需要判断 q 节点的最左边的子节点与当前节点 p 的非支配关系

　　　　　　　　q ＝ Children(q, Left Child(q));　　％ 更新 q 节点。 把 Children(q, Left Child(q)) 即 q 节点的最左边的子节点所在 Pop Obj 中的行位置赋值给 q。让这个最左边的子节点作为新的 q 节点与 p 节点进行非支配关系判断,接下来将跳转到"while true" 这一行,实现 p 与更新后的 q 相比较

　　　　　　else　　　　　％ 否则,Left Child(q) 大于 Pruning(q),表示 q 节点的最左边的子节点在当前剪枝位置之后,说明 q 节点的最左边的子节点不可能支配当前的解。此时需要向上回溯,与可能存在的左兄弟节点进行非支配关系判断

　　　　　　　　while Father(q) ＆＆ Brother(q) ＞ Pruning(Father(q))

　　　　　　　　　　％ 开始一个 while 循环,循环的条件是 Father(q) 不为 0,并且 Brother(q) 大于 Pruning(Father(q))。这个条件的意思是,只要 q 节点有父节点,并且 q 节点的右边的兄弟节点(Brother(q) 存放的是 q 节点的右兄弟节点对根节点的剪枝位置)在 q 节点的父节点当前被剪枝的位置之后,就继续循环往上回溯,直到找到根节点赋值给 q。因为如果 q 节点的右兄弟节点在 q 节点的父节点当前被剪枝的位置之后,说明这个兄弟节点与当前的 p 节点已经满足非支配关系(p 对 q 的剪枝位置在右兄弟的剪枝位置前,所以 p 已经有一个目标函数优于右兄弟了),不需要进行非支配关系判断

　　　　　　　　　　q ＝ Father(q);％ 把 Father(q) 赋值给 q,将 q 指向 q 的父节点

　　　　　　　　end

　　　　　　if Father(q)　　％ 如果 Father(q) 不为 0,表示找到了一个需要比较的兄弟节点,它对 q 的剪枝位置在 p 对 q 的剪枝位置之前

q = Children(Father(q),Brother(q)); ％把Children(Father(q),
Brother(q))赋值给 q,让 q 指向此时找到需要进行比较的兄弟节点

else ％ 如果 Father(q) 为 0,表示已经回溯到根节点,完成
了所有左子节点的比较,p 节点可以保存在该层

break;

end

end

end

end

％％ 完成上述比较之后,接下来要确定 p 节点在树上的具体位置

if m < M ％若 m < M,说明 p 节点的目标函数至少有一个比 q 节点的要优,
因此 p 节点和 q 节点满足互不支配关系,可以与 q 节点保留在同一非支配层,具体是哪一个目标
函数比 q 节点更优? 剪枝位置保存在 Pruning(q) 中,此时的 m 是 p 节点最后与之比较的 q 节点
的剪枝位置

FrontNo(p) = MaxFNo; ％ 给 p 节点分配 Pareto 前沿编号。 把
FrontNo(p) 赋值为 MaxFNo,表示当前的解属于第 MaxFNo 个 Pareto 前沿

q = Forest(MaxFNo); ％ 获取当前 Pareto 前沿的根节点。把根节
点 Forest(MaxFNo) 赋值给变量 q

while Children(q, Pruning(q)) ％ 开始一个 while 循环,循环的条件
是 Children(q, Pruning(q)) 不为 0。 这个条件的意思是,只要 q 节点在剪枝位置有子节点,就继
续循环

q = Children(q, Pruning(q));％ 把 Children(q, Pruning(q)) 赋值
给 q,表示把 q 节点在剪枝位置的子节点赋值给 q

end

Children(q, Pruning(q)) = p;％ 把当前的解 p 插入到树形结构中。具
体操作为:把 p 赋值给 Children(q, Pruning(q)),表示第 q 个节点在剪枝位置为处的子节点是 p

Father(p) = q; ％ 记录当前解 p 的父节点是 q

if LeftChild(q) > Pruning(q) ％ 判断 q 节点的最左边的子节点是否
在当前剪枝位置之后。如果 LeftChild(q) 大于 Pruning(q),表示 q 节点的最左边的子节点在剪
枝位置之后,那么需要调整最左边子节点与兄弟节点之间的关系

Brother(p) = LeftChild(q); ％ 先把根节点的最左边的子节
点赋值给当前解 p 的兄弟节点,表示第 p 个解的右边的兄弟节点是 LeftChild(q)

LeftChild(q) = Pruning(q);％ 然后把当前剪枝位置作为 q 节点的
最左边的子节点,即第 q 个节点的最左边的子节点是 Pruning(q)

else
　　% 这一句是判断 q 节点的最左边的子节点是否在剪枝位置之前。如果 LeftChild(q) 小于等于 Pruning(q),表示 q 节点的最左边的子节点在剪枝位置之前,那么就说明不需要调整子节点与兄弟节点之间的关系

　　　　bro = Children(q, LeftChild(q));% 先让 bro 指向 q 节点的最左边的子节点

　　　　while Brother(bro) < Pruning(q)　　% 如果 bro 指向的子节点的兄弟剪枝位置小于 q 节点的当前剪枝位置(即 p 节点在 q 节点上的剪枝位置),则继续循环

　　　　　　bro = Children(q,Brother(bro));% 让 bro 指向下一个兄弟节点

　　　　end

　　　　Brother(p)　 = Brother(bro);　　% 循环结束时,bro 指向的节点位于 p 节点的左边,而 bro 指向的节点的右兄弟节点应该位于 p 节点的右边,将 p 节点插入到 bro 指向的节点及其右兄弟节点中间。因此,Brother(bro) 就是 bro 指向的节点的右兄弟节点,它应该作为 p 节点的右兄弟节点

　　　　Brother(bro) = Pruning(q);　　% 修改 bro 指向的节点的右兄弟节点,此时它应该是 p 节点,所以把 q 节点的当前剪枝位置(即 p 节点在 q 节点上的剪枝位置)赋值给 Brother(bro)

　　　　　　end
　　　　　end
　　　　end
　　　end
　　end
　FrontNo = FrontNo(:, Loc);　　% 根据 Loc 向量还原 Front No 向量的顺序
end

8.4.4　CrowdingDistance 函数

以下是对 CrowdingDistance 函数的代码说明,该函数用于计算拥挤度距离。

% 拥挤度距离计算函数是 PlatEMO 平台内置函数
function CrowdDis = CrowdingDistance(PopObj, FrontNo)
% 输入参数是 PopObj 和 FrontNo,PopObj 表示目标函数值,FrontNo 表示每个解所属的非支配层次
% 输出参数是 CrowdDis。CrowdDis 表示 N*1 的拥挤度矩阵

　[N,M] = size(PopObj);% 获取 PopObj 的行数和列数,即解的个数和目标函数的个数

```
if nargin < 2
    FrontNo = ones(1, N);
end
```

% 如果输入参数少于两个，即没有给出 FrontNo，则默认所有解都属于第一层非支配层次

```
CrowdDis = zeros(1, N);% 初始化拥挤度为一个 1 * N 的零矩阵
Fronts   = setdiff(unique(FrontNo),inf);% 获取所有非支配层次的编号
```

% 首先调用 unique 函数，对 FrontNo 向量中的元素进行去重，并返回一个升序排列的向量。这个向量包含了所有出现过的非支配等级，包括无穷大。然后调用 setdiff 函数，它对上述向量和 inf 进行差集运算，并返回一个向量。这个向量包含了所有非支配层次的编号，不包括无穷大。输出参数 Fronts 表示一个 1 * K 的向量，其中 K 是非支配排序的最大层数，除无穷大外，每个元素表示一个非支配层次的编号

```
for f = 1 : length(Fronts)     % 对每个非支配层次进行循环
    Front = find(FrontNo == Fronts(f));% 找出当前层次中所有解在种群中的位置，
将该位置赋值给 Front
    Fmax  = max(PopObj(Front,:),[],1);
    Fmin  = min(PopObj(Front,:),[],1);
```

% PopObj 是一个 N * M 的矩阵。其中，N 是种群的大小，也就是解的个数；M 是目标函数的个数。PopObj(Front,:) 表示取出当前层次中所有解的每个目标函数上的目标函数值，1 表示按列取最大值和最小值，Fmax 和 Fmin 表示每个目标函数在当前层次的所有解中的最大值和最小值

```
    for i = 1 : M     % 对每个目标函数进行循环
        [~,Rank] = sortrows(PopObj(Front,i));
```

% 用 sortrows 函数对 PopObj(Front,i) 进行升序排序，PopObj(Front,i) 表示取出当前层次中所有解在第 i 个目标函数上的值

% sortrows 函数返回两个输出参数，第一个是排序后的矩阵，第二个是排序后的索引。用 ~ 表示忽略第一个输出参数，只保留第二个输出参数 Rank，它是一个向量，存储了当前层次中所有解在第 i 个目标函数上的升序排列后的位置

```
        CrowdDis(Front(Rank(1)))   = inf;
        CrowdDis(Front(Rank(end))) = inf;
```

% 将 CrowdDis 中对应于当前层次中在第 i 个目标函数上最大、最小值的解的位置设为无穷大

% CrowdDis 是一个向量，存储了每个解的拥挤度距离。Front(Rank(1))、Front(Rank(end)) 表示取出当前层次中在第 i 个目标函数上最大值和最小值的解在种群中的位置

for j = 2：length(Front) − 1

% 计算排序后的中间解(即非边界上的解)在第 i 个目标函数上的拥挤距离

CrowdDis(Front(Rank(j))) = CrowdDis(Front(Rank(j))) +
(PopObj(Front(Rank(j+1)),i) − PopObj(Front(Rank(j−1)),i))/(Fmax(i) − Fmin(i));

% 计算当前解在当前目标函数上的拥挤距离,即相邻两个解在该目标函数上的差值除以该目标
函数在当前层次上的范围,并累加到 CrowdDis 中

end

% 其实也就是以相邻两个解为矩形的对角顶点所形成的矩阵的长和宽的和

end

end

end

8.4.5　TournamentSelection 函数

以下是对 TournamentSelection 函数的代码说明,该函数是锦标赛选择
函数。

% 锦标赛选择函数是 PlatEMO 平台内置函数

% 锦标赛选择是每次从种群中随机选取一定数量的个体,然后比较它们的适应度值,选择最好
的一个作为父代。重复这个过程,直到选出足够数量的父代

functionindex = TournamentSelection(K, N,varargin)

% 输入参数 K、N、varargin,输出参数 index

%K 是一个标量,表示每次锦标赛中参与竞争的个体的个数,它通常是一个较小的正整数,如 2
或 3;N 是一个正整数,表示要选择的父代数量;varargin 是一个元胞数组,表示可选的输入参数,
它们是一个或多个种群结构体,用于存储遗传算法的信息;index 是一个向量,表示选出的个体
在种群中的索引

varargin = cellfun(@(S)reshape(S,[],1),varargin,'Uniform Output',false);

% 这句代码的作用是将 varargin 中的每个种群结构体重塑为一个列向量,并将结果以元胞
数组形式存储在 varargin 中,这样可以方便地对种群进行操作或计算

% @(S)reshape(S,[],1) 这部分是一个匿名函数,它接受一个输入参数 S,并返回一个输出
值。输出值是将 S 重塑为一个列向量,也就是说将 S 中的所有元素按列排列成一个一维数组。
[] 表示自动计算列向量的长度,使得输出数组和输入数组有相同的元素个数。'Uniform
Output' 参数设置为 false,表示不要求返回值是同一类型

[~,rank] = sortrows([varargin{:}]);　　% 使用 sortrows 函数对 varargin 中所有列向量
组成的矩阵按行进行升序排序,并返回第二个输出参数 rank,表示排序后的索引。第一个输出
参数用 ~ 符号忽略掉,因为不需要使用。varargin{:} 表示将 varargin 中的所有元素展开为逗号
分隔的列表,这样可以将它们传递给其他函数

$[\sim, \text{rank}] = \text{sort}(\text{rank})$;　　% 使用 sort 函数对 rank 向量进行升序排序,并返回第二个输出参数 rank,表示排序后的索引。这样做的目的是让 rank 向量中第 i 个元素表示第 i 好的个体在原始种群中的位置

% 以上两句的目的是对种群中的个体进行排序,并获取排序后的索引

Parents　　 = randi(length(varargin{1}), K, N);　　% 随机选择 K * N 个个体作为锦标赛参与者,并存储在矩阵 Parents 中

% 使用 randi 函数生成一个 K * N 的矩阵 Parents,其中每个元素是 1 到 length(varargin{1}) 之间随机选取的一个整数。length(varargin{1}) 表示种群大小

$[\sim, \text{best}] = \text{min}(\text{rank}(\text{Parents}), [\,], 1)$;　　% 从每列参与者中选出最好的一个作为父代,并存储在向量 best 中

% 使用 min 函数对 rank(Parents) 矩阵按列进行最小值查找,并返回第二个输出参数 best,表示最小值所在行号。rank(Parents) 矩阵表示参与者在原始种群中的排序,最小值所在行号表示最好的个体

index　　　 = Parents(best+(0: N−1) * K);　　% 返回选出的父代在种群中的索引,并存储在向量 index 中

% best+(0: N−1) * K 是一个向量,表示每列最小值所在位置的线性索引

end

8.4.6　OperatorGA 函数

以下是对 OperatorGA 函数的代码说明,该函数实现遗传算法的交叉变异操作。

% 遗传算法交叉变异函数是 PlatEMO 平台内置函数

function Offspring = OperatorGA(Parent, Parameter)

% 输入参数是 Parent 和 Parameter。Parent 表示父代,是一个种群结构体,存储了经过选择后产生的父代个体的信息,包括决策变量矩阵、目标函数值矩阵、拥挤度矩阵和非支配层级矩阵。Parameter 表示交叉变异的参数,是一个参数结构体,存储了遗传算法中的一些参数信息,包括交叉概率、变异概率、交叉分布指数、变异分布指数、父代个体数、子代个体数等

% 输出参数是 Offspring, Offspring 表示子代解,是一个种群结构体,存储了经过交叉和变异后产生的子代个体的信息,包括种群个体矩阵、目标函数值矩阵、拥挤度矩阵和非支配层级矩阵

%% 参数设置

if nargin > 1

　　[proC, disC, proM, disM] = deal(Parameter{:});

else

```
    [proC,disC,proM,disM] = deal(1,20,1,20);
end
```

% 上面代码是指如果输入参数大于一个，则将 Parameter 中的四个元素分别赋值给 proC(交叉概率)、disC(交叉分布指数)、proM(变异概率) 和 disM(变异分布指数)；如果输入参数不大于一个，则交叉变异的指标使用默认指定值

```
if isa(Parent(1),'SOLUTION')          % 如果 Parent 中的第一个元素是 SOLUTION 类型，
即包含了目标函数值
    calObj = true;       % 则设置 calObj 为真，表示需要计算后代解的目标函数值
    Parent = Parent. decs;         % 则将 Parent 中的决策变量值提取出来，赋值给 Parent
else
    calObj = false;% 否则设置 calObj 为假，表示不需要计算后代解的目标函数值
end
%calObj 保存的是一个布尔值，表示是否需要计算后代解的目标函数值
```

```
Parent1 = Parent(1:floor(end/2),:);
Parent2 = Parent(floor(end/2)+1:floor(end/2)*2,:);
% 将 Parent 分成两部分，分别赋值给 Parent1 和 Parent2，作为交叉操作的两个父代集合
[N,D]    = size(Parent1);
% 获取 Parent1 的行数和列数，即父代解的个数和决策变量的维度
Problem = PROBLEM. Current();% 获取 PROBLEM 类中的 Current 方法，获取当前问
题的信息，赋值给 Problem
```

```
switch Problem. encoding       % 根据 Problem 的编码方式，选择不同的交叉变异操作
    case 'binary'
```

```
        %% 二进制编码的遗传操作
        % crossover
        k = rand(N,D) < 0.5;      % 生成一个 N*D 的随机矩阵 k，每个元素为 0 或 1，
表示是否进行交换。rand(N,D) 用于生成一个 N*D 的矩阵，每个元素为 0 到 1 之间的随机数。
< 0.5 是一个逻辑运算符，用于判断每个元素是否小于 0.5。如果是，则返回真(1)；如果否，则返
回假(0)。k 中为 1 的元素表示需要进行交换的位点，为 0 的元素表示不需要进行交换的位点
```

```
            k(repmat(rand(N,1)>proC,1,D)) = false;% 根据交叉概率 proC，随机选择出
一些行不进行交换，将 k 中对应位置设为 0
```

%rand(N,1) 用于生成一个 N*1 的矩阵，每个元素为 0 到 1 之间的随机数。>proC 用于判断每个元素是否大于 proC。如果是，则返回真(1)；如果否，则返回假(0)。repmat(A,1,D) 用于

将矩阵 A 复制 D 次,得到一个 N * D 的矩阵。这样得到的矩阵中为 1 的元素表示不需要进行交换的行,为 0 的元素表示需要进行交换的行。k(A) = false 用于将 k 中 A 为真(1)的位置设为假(0)。这样就实现了根据交叉概率 proC,随机选择出一些行不进行交换

  Offspring1 = Parent1;

  Offspring2 = Parent2;% 初始化 Offspring1 和 Offspring2

  Offspring1(k) = Parent2(k);

  Offspring2(k) = Parent1(k); % 将 k 中为 1 的位置上的元素进行交换,得到 Offspring1 和 Offspring2

 % Offspring(k) 用于选取 Offspring 中 k 为 1 的位置上的元素。Parent(k) 用于选取 Parent 中 k 为 1 的位置上的元素。Offspring(k) = Parent(k) 用于将 Offspring 中 k 为 1 的位置上的元素替换为 Parent 中 k 为 1 的位置上的元素。这样就实现了两个父代个体在 k 为 1 的位置上的元素进行交换,得到另一个子代个体

  Offspring = [Offspring1;Offspring2];% 组合为子代 Offspring

 % mutation

  Site = rand(2 * N,D) < proM/D; % 生成一个 2N * D 的随机矩阵 Site,每个元素为 0 或 1,表示是否进行翻转

 %rand(2N,D) 用于生成一个 2N * D 的矩阵,每个元素为 0 到 1 之间的随机数。< proM/D 用于判断每个元素是否小于 proM/D。如果是,则返回 1;如果否,则返回 0。Site 中为 1 的元素表示需要进行翻转的位点,为 0 的元素表示不需要进行翻转的位点

  Offspring(Site) =~ Offspring(Site);% 将 Site 中为 1 的位置上的元素进行翻转。

 % Offspring(Site) 用于选取 Offspring 中 Site 为 1 的位置上的元素。Offspring(Site) =~ Offspring(Site) 用于将 Off spring 中 Site 为 1 的位置上的元素取反,即将 0 变为 1,将 1 变为 0。这样就实现了对子代个体在 Site 为 1 的位置上的元素进行翻转

  case 'permutation'

 %% 排列编码的遗传操作

 % crossover

  Offspring = [Parent1;Parent2];% 初始化 Offspring 为 Parent1 和 Parent2 的合并,此时 Offspring 是一个 2 N * D 的矩阵

  k = randi(D,1,2 * N); % 生成一个随机整数向量 k,每个元素为 1 到 D 之间的一个数,表示交叉点的位置

  for i = 1:N % 对每个父代解进行循环

   Offspring(i,k(i) + 1:end) = setdiff(Parent2(i,:), Parent1(i,1:k(i)),'stable');

%用于将 Offspring 中第 i 行第 k(i)＋1 列到最后一列的元素替换为 setdiff(Parent2(i,:)，Parent1(i,1:k(i))，'stable')得到的元素。这样就实现了从交叉点开始，将另一个父代解中没有出现过的元素按照顺序填充到后代解中

%setdiff(Parent2(i,:)，Parent1(i,1:k(i))，'stable')用于求出 Parent2 中第 i 个父代解中没有出现在 Parent1 中第 i 个父代解从头到交叉点部分的元素，并保持它们在 Parent2 中出现的顺序

$$\text{Offspring}(i + N, k(i) + 1:\text{end}) = \text{setdiff}(\text{Parent1}(i,:),\ \text{Parent2}(i,1:k(i)),\ '\text{stable}');$$

%用于将 Offspring 中第 i＋N 行第 k(i)＋1 列到最后一列的元素替换为 setdiff(Parent1(i,:)，Parent2(i,1:k(i))，'stable')得到的元素。这样就实现了从交叉点开始，将另一个父代解中没有出现过的元素按照顺序填充到后代解中

%setdiff(Parent1(i,:)，Parent2(i,1:k(i))，'stable')用于求出 Parent1 中第 i 个父代解中没有出现在 Parent2 中第 i 个父代解从头到交叉点部分的元素，并保持它们在 Parent1 中出现的顺序

end

% mutation

k = randi(D,1,2 * N);　　%初始化一个 1 * 2N 的 k 向量，表示每个子代个体的变异点。变异点是指从哪个位置开始，子代个体的编码进行交换，得到新的子代个体

s = randi(D,1,2 * N);　　%初始化一个 1 * 2N 的 s 向量，表示每个子代个体的交换对象。交换对象是指与变异点上的元素进行交换的对象

%以上两句代码的目的是生成两个随机向量 k 和 s，用于实现一种基于位置的变异操作，用于解决排列编码的问题

for i = 1:2 * N　　%对每个后代解进行循环

if s(i) < k(i)　　%如果交换对象在变异点之前，则按照以下的规则进行交换

$$\text{Offspring}(i,:) = \text{Off\,spring}(i, [1:s(i) - 1, k(i), s(i):k(i) - 1, k(i) + 1:\text{end}]);$$

%等式右边目的是用于选取 Offspring 中第 i 行以下列的元素：从第 1 列到第 s(i)－1 列；第 k(i) 列；从第 s(i) 列到第 k(i)－1 列；从第 k(i)＋1 列到最后一列。这样就相当于将第 s(i) 列与第 k(i) 列互换了位置。整体就是将 Offspring 中第 i 行所有列的元素替换为 Offspring 中第 i 行上述阐述列的元素

else if s(i) > k(i)　　%如果交换对象在变异点之后，则按照以下的规则进行交换

$$\text{Offspring}(i,:) = \text{Offspring}(i, [1:k(i) - 1, k(i) + 1:s(i) - 1, k(i), s(i):\text{end}]);$$

　　％ 等式右边的目的是用于选取 Offspring 中第 i 行以下列的元素:从第 1 列到第 k(i)－1 列;从第 k(i)＋1 列到第 s(i)－1 列;第 k(i) 列;从第 s(i) 列到最后一列。这样就相当于将第 k(i) 列与第 s(i) 列互换了位置。整体就是将 Offspring 中第 i 行所有列的元素替换为 Offspring 中第 i 行上述阐述列的元素

　　　　　　　　　end　　　　％ 如果 s(i) 等于 k(i),则不进行变异

　　　　　　end

　　　　otherwise

　　　　％％ 实数编码的遗传操作

　　　　％ crossover

　　　　beta ＝ zeros(N,D);　　　　％ 初始化 beta 为一个 N ∗ D 的全零矩阵,表示交叉因子

　　　　mu　　 ＝ rand(N,D);　　　　　％ 生成一个 N ∗ D 的随机矩阵 mu,每个元素为 0 到 1 之间的一个数,表示交叉概率

　　　　beta(mu＜＝ 0.5) ＝ (2 ∗ mu(mu＜＝ 0.5)).ˆ(1/(disC＋1));　　　　％ 表示根据 mu 和 disC 计算 beta 中 mu 小于等于 0.5 的部分。beta(mu ＜＝ 0.5) ＝ (2mu(mu ＜＝ 0.5)).ˆ(1/(disC＋1)) 用于将 beta 中 mu 小于等于 0.5 的位置上的元素替换为 (2 ∗ mu(mu ＜＝ 0.5)).ˆ(1/(disC＋1)) 得到的结果。这样就实现了根据 mu 和 disC 计算 beta 的值,使其满足模拟二进制分布

　　　　beta(mu＞0.5) ＝ (2－2 ∗ mu(mu＞0.5)).ˆ(－1/(dis C＋1));％ 表示根据 mu 和 disC 计算 beta 中 mu 大于 0.5 的部分。beta(mu＞0.5) ＝ (2－2mu(mu＞0.5)).ˆ(－1/(dis C＋1)) 用于将 beta 中 mu 大于 0.5 的位置上的元素替换为 (2 － 2 ∗ mu(mu ＞ 0.5)).ˆ(－1/(disC＋1)) 得到的结果,这样就实现了根据 mu 和 disC 计算 beta 的值,使其满足模拟二进制分布

　　　　beta ＝ beta. ∗ (－1).ˆrandi([0,1],N,D);　　　　％ 将 beta 随机乘－1 或 1,使其对称分布在 －1 与 1 之间

　　　　beta(rand(N,D) ＜ 0.5) ＝ 1;　　　　％ 将 beta 中一半的元素设为 1,表示不进行交叉

　　　　beta(repmat(rand(N,1) ＞ proC,1,D)) ＝ 1;　　　　％ 根据交叉概率 proC,随机选择一些行不进行交叉,将 beta 中对应位置设为 1

　　　　Offspring ＝ [(Parent1 ＋ Parent2)/2 ＋ beta. ∗ (Parent1 － Parent2)/2

　　　　　　　　　　(Parent1 ＋ Parent2)/2 － beta. ∗ (Parent1 － Parent2)/2];　　　　％ 根据 beta 和 Parent1 和 Parent2 计算两组后代解,得到 Off spring

　　　　％ mutation

　　　　Lower ＝ repmat(Problem. lower,2 ∗ N,1);

　　　　Upper ＝ repmat(Problem. upper,2 ∗ N,1);　　　　％ 获取决策变量的下界和上界,分别赋值给 Lower 和 Upper

　　　　　　Site 　　＝ rand(2 ＊ N,D)＜proM/D；　　　％生成一个 2N＊D 的范围在 0 到 1 之间的随机矩阵 Site,表示是否进行翻转,用于控制哪些后代解进行变异

　　　　　　mu 　　　＝ rand(2 ＊ N,D)；　　　％生成一个 N＊D 的随机矩阵 mu,表示变异概率

　　　　　　temp 　＝ Site & mu＜＝0.5；　　　％根据 Site 和 mu 的值,确定哪些后代解需要进行较小程度的变异

　　　　　　Offspring 　　　　＝ min(max(Offspring,Lower),Upper)；

　　　　　　Offspring(temp) ＝

Offspring(temp) ＋ (Upper(temp) － Lower(temp)). ＊((2. ＊ mu(temp) ＋ (1 － 2. ＊ mu(temp)). ＊...

(1－(Offspring(temp)－Lower(temp)). /(Upper(temp)－Lower(temp))). ˆ(disM＋1)). ˆ(1/(disM＋1))－1)；

　　　　　％ 根据公式进行变异操作

　　　　　temp ＝ Site & mu＞0.5；　　　％根据 Site 和 mu 的值,确定哪些后代解需要进行较大程度的变异

　　　　　　Offspring(temp) ＝

Offspring(temp) ＋ (Upper(temp) － Lower(temp)). ＊(1 － (2. ＊(1 － mu(temp)) ＋ 2. ＊(mu(temp)－0.5). ＊...

(1 － (Upper(temp) － Offspring(temp)). /(Upper(temp) － Lower(temp))). ˆ(disM ＋ 1)). ˆ(1/(disM＋1)))；

　　　　　　％ 变异操作

　　　end

　　　if calObj

　　　　　Offspring ＝ SOLUTION(Offspring)；％cal Obj 为真,将得到的后代调用 SOLUTION 函数计算后代具体的各种参数值大小

　　　end

end

8.4.7　SOLUTION 函数

以下是对 SOLUTION 类的代码说明。

％SOLUTION 类,是 PlatEMO 平台内置函数,主要用于封装解的决策变量、目标函数值、约束冲突和附加属性

％ 并且通过该类的方法获取解的相关信息,如决策变量矩阵、目标函数值矩阵、约束冲突矩阵及最优解

```
classdef SOLUTION < handle
% 定义名为 SOLUTION 的类,该类继承了 handle 类

    %SOLUTION 的属性
    properties( SetAccess = private)
        dec;          % 决策变量
        obj;          % 目标函数
        con;          % 约束冲突
        add;          % 额外属性
    end

    %SOLUTION 的方法
    methods

        % 定义 SOLUTION 构造函数,用于创建 SOLUTION 对象,表示优化问题的解
        function obj = SOLUTION(PopDec,AddPro)
        % 输入参数 PopDec 和 AddPro,分别表示解的决策变量和解的额外属性;输出参数 obj
表示创建的 SOLUTION 对象或对象数组
            if nargin > 0      % 判断是否有至少一个输入参数传入
                obj(1,size(PopDec,1)) = SOLUTION;        % 预分配内存的语句,创建了一
个大小与决策变量数量一致的 SOLUTION 对象数组
                Problem = PROBLEM. Current();
                PopDec  = Problem. CalDec(PopDec);
                PopObj  = Problem. CalObj(PopDec);
                PopCon  = Problem. CalCon(PopDec);
                % 这四句代码获取当前的优化问题 Problem,并使用优化问题的 CalDec,
CalObj 和 CalCon 方法计算决策变量 PopDec、目标函数值 PopObj 和约束冲突 PopCon

                for i = 1:length(obj)     % 遍历创建的每一个 SOLUTION 对象,将计算得
到的决策变量、目标函数值和约束冲突赋值给对象的属性
                    obj(i). dec = PopDec(i,:);
                    obj(i). obj = PopObj(i,:);
                    obj(i). con = PopCon(i,:);
                end
                % 将当前 Problem 的 dec、obj 和 con 赋值给 SOLUTION 的属性 dec、obj
和 con
```

```
        if nargin > 1      % 判断是否有至少两个输入参数传入
            for i = 1:length(obj)
                obj(i).add = AddPro(i,:);      % 将第 i 个额外属性赋值给第 i 个
对象的属性 add
            end
        end
        Problem.FE = Problem.FE + length(obj);      %FE 表示函数评估次数,更
新优化问题的函数评估次数
    end
end
```

% 获取决策变量

```
function value = decs(obj)
```

% 定义 decs 函数,用于获取一个 SOLUTION 对象数组的决策变量矩阵

% 输入参数 obj 表示一个 SOLUTION 对象数组,输出参数 value 表示返回的决策变量
矩阵

```
    value = cat(1,obj.dec);% 将对象数组中每个对象的属性 dec(表示单个对象的决
策变量) 沿行拼接起来,形成一个决策变量矩阵,赋值给输出参数 value
    end
```

% 获取目标函数值

```
function value = objs(obj)
    value = cat(1,obj.obj);
end
```

% 获取约束冲突

```
function value = cons(obj)
    value = cat(1,obj.con);
end
```

% 获取额外属性

```
function value = adds(obj, AddPro)
```

% 输入参数 obj 表示一个 SOLUTION 对象数组,AddPro 表示一个额外属性矩阵;输
出参数 value 表示返回的额外属性矩阵

```
        for i = 1:length(obj)
            if isempty(obj(i).add)
                obj(i).add = AddPro(i,:);        % 在循环中执行,用于将额外属性矩阵
中的第 i 行赋值给第 i 个对象的属性 add
            end
        end
        value = cat(1,obj.add);        % 将对象数组中每个对象的属性 add 沿行拼接起来,
形成一个额外属性矩阵,赋值给输出参数 value
    end



    % 获取最优解
    function P = best(obj)
    % 输入参数 obj 表示一个 SOLUTION 对象数组,输出参数 P 表示返回的最优解对象
        Feasible = find(all(obj.cons <= 0,2));
        % 寻找可行解的语句,调用 find 函数和 all 函数,传入对象数组中每个对象的属性
cons(表示单个对象的约束冲突),沿列判断是否所有的约束冲突都小于等于 0。如果是,则返回
该对象的索引;否则,返回空。将返回的索引存储在变量 Feasible 中
        if isempty(Feasible)
            Best = [];        % 将变量 Best 赋值为空,表示没有最优解
        elseif length(obj(1).obj) > 1        % 检查是否有多个目标函数值
            Best = NDSort(obj(Feasible).objs,1) == 1;
            % 调用 NDSort 函数进行非支配排序,传入可行解对象数组中每个对象的属
性 objs(表示单个对象的目标函数值),并指定只返回第一层非支配。将返回的非支配排序结
果与 1 比较,得到一个逻辑向量,表示哪些可行解是第一层非支配解。将逻辑向量赋值给变
量 Best
        else        % 其他情况,即只有一个目标函数值的情况
            [~,Best] = min(obj(Feasible).objs);
            % 调用 min 函数寻找可行解对象数组中每个对象的属性 objs(表示单个对象
的目标函数值) 中的最小值,并返回其索引。将索引赋值给变量 Best
        end
        P = obj(Feasible(Best));% 根据变量 Best 的值从可行解对象数组中选择最优解
对象,并赋值给输出参数 P
    end
    end
end
```

第9章　稀疏进化算法

9.1　基本思想

当 Pareto 最优解呈现稀疏特性时,大多数进化算法在处理此类多目标优化问题时都将遇到困难。当决策变量的数目很大时,许多大规模多目标优化算法的 Pareto 最优解是稀疏的,而这种具有稀疏 Pareto 最优解的子集选择问题在许多其他应用中很常见,如神经网络训练、稀疏回归、模式挖掘和关键节点检测等问题上。针对这一问题,Tian 等在 2019 年提出了一种用于解决多目标优化问题中 Pareto 最优解是大规模稀疏性质的算法,称为稀疏进化算法(sparse evolutionary algorithm,Sparse EA)[12]。该算法依托于 NSGA-Ⅱ 算法框架,提出通过一种新的种群初始化策略和遗传算子策略来确保 Pareto 的稀疏性。Ye Tian 和 Xingyi Zhang 等对 Sparse 算法解决大规模多目标稀疏问题进行了大量实验验证,结果表明对于稀疏的 MOP,Sparse EA 算法比现有的多目标进化算法(multi-objective evolutionary algorithm,MOEA)更有效。

9.2　Sparse EA 的方法原理

9.2.1　种群初始化策略

Sparse EA 中的决策变量不单单是实变量组成,而是集成实变量和二进制变量两种不同的编码形式,使得算法既可以解决实变量问题,也可以解决二进制变量问题。这主要通过 Sparse EA 提出的种群初始化策略来完成。 Sparse EA 的种群初始化策略包括三个部分,分别是决策变量的稀疏表达、计算决策变量得分和生成初始种群。

(1) 决策变量的稀疏表达。

假设决策变量 $\boldsymbol{X}$ 的维度为 D,Sparse EA 中的任意一个决策变量 $\boldsymbol{X}$ 为

$$\boldsymbol{X} = (x_1, x_2, \cdots, x_D) = (\text{dec}_1 \times \text{mask}_1, \text{dec}_2 \times \text{mask}_2, \cdots, \text{dec}_D \times \text{mask}_D)$$

$$(9.1)$$

式中,dec_i 表示决策变量第 i 维的实变量;mask_i 表示决策变量第 i 维的二进制掩码。在演化过程中,实变量 dec_i 用于记录目前找到的最佳决策变量的实数大小,而二进制掩码 mask_i 用于控制决策变量的该维度应该置零还是置 1,从而控制决策变量的稀疏性。如果决策变量是二进制数,则所有的实变量 dec_i 始终设置为 1,决策

变量 X 中的元素是 0 或 1 将完全取决于二进制掩码向量。

（2）计算决策变量得分。

以每维决策变量的非支配等级数为每维决策变量设计得分，使得非支配等级数越小的决策变量得分越低，而非支配等级数越大的决策变量得分越高。为满足解的稀疏性要求，初始化生成的个体也应该具有稀疏解的特征，即初始化个体的部分决策变量维度的值要被置 0。得分越高的决策变量维度表示其非支配等级数越大，因此被设置为 0 的概率也应该越高，因为较低的非支配等级意味着解的质量可能更好。

为计算每维决策变量的非支配等级数，首先构造 D 个解组成的矩阵 G，每个解的维度也为 D，则矩阵 G 的维度为 $D \times D$，有

$$
G = \begin{bmatrix} X_1 \\ X_2 \\ \vdots \\ X_D \end{bmatrix} = \begin{bmatrix} \mathrm{dec}_{1,1} \times \mathrm{mask}_{1,1} & \mathrm{dec}_{1,2} \times \mathrm{mask}_{1,2} & \cdots & \mathrm{dec}_{1,D} \times \mathrm{mask}_{1,D} \\ \mathrm{dec}_{2,1} \times \mathrm{mask}_{2,1} & \mathrm{dec}_{2,2} \times \mathrm{mask}_{2,2} & \cdots & \mathrm{dec}_{2,D} \times \mathrm{mask}_{2,D} \\ \vdots & \vdots & & \vdots \\ \mathrm{dec}_{D,1} \times \mathrm{mask}_{D,1} & \mathrm{dec}_{D,2} \times \mathrm{mask}_{D,2} & \cdots & \mathrm{dec}_{D,D} \times \mathrm{mask}_{D,D} \end{bmatrix} = \mathbf{dec} \times \mathbf{mask}
$$

$$(9.2)$$

式中，$\mathbf{dec}$ 是 $D \times D$ 维的实变量矩阵，有

$$
\mathbf{dec} = \begin{bmatrix} \mathrm{dec}_{1,1} & \mathrm{dec}_{1,2} & \cdots & \mathrm{dec}_{1,D} \\ \mathrm{dec}_{2,1} & \mathrm{dec}_{2,2} & \cdots & \mathrm{dec}_{2,D} \\ \vdots & \vdots & & \vdots \\ \mathrm{dec}_{D,1} & \mathrm{dec}_{D,2} & \cdots & \mathrm{dec}_{D,D} \end{bmatrix}
$$

$$(9.3)$$

$\mathbf{mask}$ 是 $D \times D$ 维的二进制掩码矩阵，有

$$
\mathbf{mask} = \begin{bmatrix} \mathrm{mask}_{1,1} & \mathrm{mask}_{1,2} & \cdots & \mathrm{mask}_{1,D} \\ \mathrm{mask}_{2,1} & \mathrm{mask}_{2,2} & \cdots & \mathrm{mask}_{2,D} \\ \vdots & \vdots & & \vdots \\ \mathrm{mask}_{D,1} & \mathrm{mask}_{D,2} & \cdots & \mathrm{mask}_{D,D} \end{bmatrix}
$$

$$(9.4)$$

矩阵 G 由 $\mathbf{dec}$ 点乘 $\mathbf{mask}$ 得到。采用随机生成的方式产生实变量矩阵 $\mathbf{dec}$，而二进制掩码矩阵 $\mathbf{mask}$ 是一个 D 维的单位矩阵。于是，矩阵 G 的实际计算结果为

$$
G = \begin{bmatrix} X_1 \\ X_2 \\ \vdots \\ X_D \end{bmatrix} = \begin{bmatrix} \mathrm{dec}_{1,1} \times \mathrm{mask}_{1,1} & 0 & \cdots & 0 \\ 0 & \mathrm{dec}_{2,2} \times \mathrm{mask}_{2,2} & \cdots & 0 \\ \vdots & \vdots & & \vdots \\ 0 & 0 & \cdots & \mathrm{dec}_{D,D} \times \mathrm{mask}_{D,D} \end{bmatrix}
$$

$$(9.5)$$

此时，G 中的每个解都只有 1 维决策变量的值不为 0，从而可以将该解的非支配等

级作为该维决策变量的非支配等级。每生成一个随机矩阵 **dec**,都可以按照上述方法得到对应该 dec 的各维决策变量的非支配等级。重复上述操作若干次,将每次得到的各维决策变量的非支配等级分别累积,累积结果即为各维决策变量的得分,用 $S = [s_1, s_2, \cdots, s_D]$ 表示。

（3）生成初始种群。

首先生成 $N \times D$ 维的随机实变量矩阵 **dec**,以及 $N \times D$ 维的二进制掩码矩阵 **mask**,**mask** 的初始值全为 0。对于 **mask** 中的每一行,即对应每个个体,在 $[1,D]$ 间随机选两个整数 k_1 和 k_2。若决策变量 k_1 的评分高于决策变量 k_2 的评分,则当前个体第 k_1 维度的值为 1;反之,则第 k_2 维度的值为 1。考虑到维度缩减问题,初始化时不宜选中过多的维度,因此每个个体进行初始化时,都会生成一个随机数 r,其被选特征数量不超过 $r \times D$,r 为 $[0,1]$ 间的随机数。最后,**dec** 矩阵点乘 **mask** 矩阵得到初始种群 P。

9.2.2　遗传算子策略

Sparse EA 针对于交叉变异操作提出一种新的遗传算子策略,针对实变量矩阵 **dec** 和二进制掩码矩阵 **mask** 分别进行不同的交叉和变异操作。

（1）实变量矩阵 **dec** 的遗传操作。

首先,生成父代种群的位置索引矩阵 K,K 中元素用以控制该维变量是否进行交叉和变异操作。逻辑值"1"表示进行交叉或变异,"0"表示不进行交叉或变异。在交叉操作时,K 是 $\frac{N}{2} \times D$ 大小的随机逻辑矩阵;在变异操作时,K 是 $N \times D$ 大小的随机逻辑矩阵。

交叉操作时,生成 $\frac{N}{2} \times 1$ 大小 $[0,1]$ 区间的随机矩阵 d,设置固定交叉概率 P_{c0},将 d 中每个元素与交叉概率 P_{c0} 进行比较。满足条件时,则将 d 中此个体位置索引对应于 K 矩阵,K 中此个体对应的父代个体将进行交叉操作。当矩阵 **dec** 为二进制矩阵时,两个父代个体的对应位置交换取值;当矩阵 **dec** 为实数矩阵时,采用模拟二进制交叉方法。假设种群的 $N = 4$,$D = 6$,图 9.1 所示为 Sparse 算法 **dec** 交叉过程的示意图。

变异操作时,生成 $N \times 1$ 大小 $[0,1]$ 区间的随机矩阵 d,设置固定变异概率 P_{m0},将 d 中每个元素与变异概率 P_{m0} 进行比较。满足条件时,则将 d 中此个体位置索引对应于 K 矩阵,K 中此个体对应的父代个体将进行变异操作。当矩阵 **dec** 为二进制矩阵时,将"1"变为"0"或"0"变为"1";当矩阵 **dec** 为实数矩阵时,采用多项式变异方法进行变异。假设种群的 $N = 4$,$D = 6$,图 9.2 所示为 Sparse 算法 **dec** 交异过程的示意图。

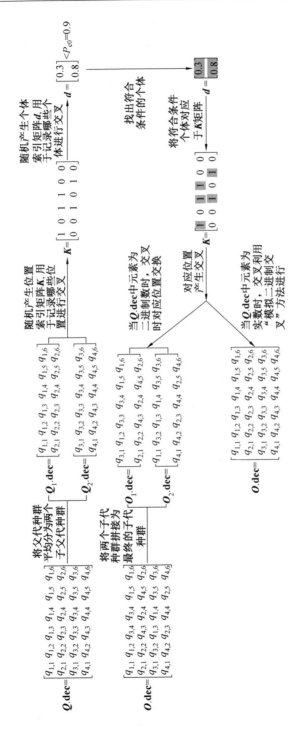

图9.1　Sparse算法dec交叉过程的示意图

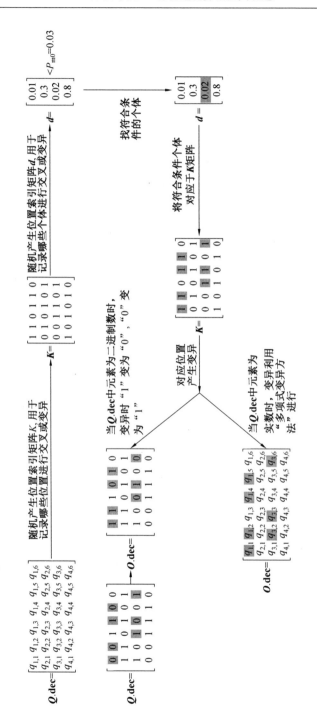

图9.2 Sparse算法dec变异过程的示意图

由上可知，P_{c0} 和 P_{m0} 越大，个体进行交叉和变异操作的概率越大；P_{c0} 和 P_{m0} 越小，个体进行交叉和变异操作的概率越小。

（2）二进制掩码矩阵 **mask** 的遗传操作。

首先在父代种群中随机选择两个进行遗传操作的父代个体，分别为 Q_{a_1} 和 Q_{a_2}，产生的子代为 O_{a_1} 和 O_{a_2}，其中 a_1、$a_2 \in [1, N]$。

交叉操作时，Q_{a_1} 和 Q_{a_2} 根据不同逻辑值位置对应的初始化决策变量得分，利用二元锦标赛选择策略选出进行交叉的位置，然后进行交叉操作。变异操作时，仍根据初始化决策变量得分，利用二元锦标赛选择策略选出进行变异的位置，然后进行变异操作。假设 Q_{a_1} 和 Q_{a_2} 决策变量维度为 8 时，Q_{a_1}. **mask** 和 Q_{a_2}. **mask** 交叉和变异操作流程如图 9.3 和图 9.4 所示。其中，Q_{a_1}. **mask** 和 Q_{a_2}. **mask** 表示父代个体 Q_{a_1} 和 Q_{a_2} 的 **mask** 变量。

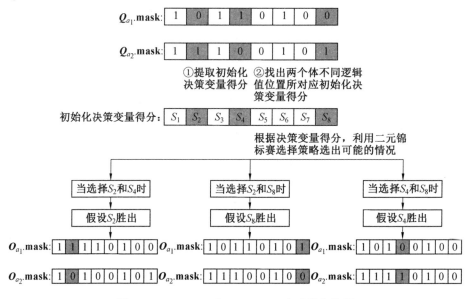

图 9.3 Q_{a_1}. **mask** 和 Q_{a_2}. **mask** 交叉操作流程

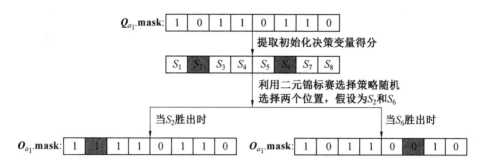

图 9.4　Q_{a_1} . mask 和 Q_{a_1} . mask 算法 mask 变异操作流程

9.3　Sparse EA 步骤

Sparse EA 步骤如下。

① 判断输入的编码类型。若为实数编码,则将决策变量 **dec** 初始化为一个服从均匀分布的 $D \times D$ 大小的矩阵;若不为实数偏码,则将决策变量 **dec** 初始化为一个 $D \times D$ 大小的全一矩阵。

② 初始化决策变量二进制掩码 **mask** 为 $D \times D$ 大小的单位矩阵,并将 **dec** $\times$ **mask** 作为输入,计算种群 T。

③ 计算种群 T 的决策变量得分 S。

④ 根据输入的编码类型初始化种群 P。

⑤ 利用二元锦标赛选择法选择进行遗传变异的父代种群 Q。

⑥ 根据初始化决策变量得分、交叉概率 P_{c0} 和变异概率 P_{m0},执行交叉变异操作得到子代种群 O。

⑦ 将生成的子代与父代合并,利用精英策略选出父代备选种群。

⑧ 将父代备选种群利用二元锦标赛选择策略选出父代种群,更新 Q。

⑨ 对父代种群 Q 进行交叉和变异操作,生成子代种群,更新 O。

⑩ 重复步骤 ⑦ ～ ⑨,直到满足最大运行条件,结束算法。

9.4　Sparse EA 的 MATLAB 实现

9.4.1　SparseEA 函数

以下是 SparseEA 函数的具体程序,该函数是 Sparse EA 算法的函数文件。

％ 此代码操作运行基于 PlatEMO 平台,且利用 PlatEMO 平台中 ALGORITHM 类提供的通用方法和属性

```
classdef SparseEA < ALGORITHM
```
% 定义一个名为 SparseEA 的类,继承自 ALGORITHM 类

```
    methods        % 定义类的方法
        function main(Algorithm, Problem)
```
% 定义一个名为 main 的方法,接受两个参数:Algorithm 和 Problem

```
            %% 种群初始化
            % 计算每个决策变量得分
            TDec = [];          % 定义一个空矩阵,用于存储临时种群的决策变量
            TMask = [];         % 定义一个空矩阵,用于存储临时种群的掩码变量
            TempPop = [];       % 定义一个空数组,用于存储临时种群的个体
            Fitness = zeros(1, Problem.D);
```
% 定义全零向量 Fitness,用于存储每个决策变量得分,D 表示决策变量的维数

```
            REAL = ~ strcmp(Problem.encoding,'binary');
```
% 定义一个布尔变量,用于判断问题是否是实数编码。Problem. encoding 中的字符串可以是 "binary",代表二进制码形式;也可以是 "real",代表实数形式。
如果 Problem. encoding 不等于 'binary',即决策变量不是二进制编码形式,则 REAL 为真,需要进行实数码到二进制码的转换

```
            for i = 1:1 + 4 * REAL
```
% 开始循坏,从 1 到 1+4REAL。如果 REAL 为真,则循环五次,否则循环一次
%i 从 1 取到 1+4REAL,目的是进行多次计算使结果更准确,由于 dec 里的实数是随机取值的,可能会影响到后续的非支配排序结果,进而影响变量分数的计算结果,因此多次计算取平均更准确,减少 dec 中随机取值的影响
```
                if REAL
                    Dec =
unifrnd(repmat(Problem.lower, Problem.D,1),repmat(Problem.upper, Problem.D,1));
```
% 如果 REAL 为真,dec 部分则生成一个 Problem. D 行 Problem. D 列的矩阵,每个元素服从 Problem. lower 与 Problem. upper 之间的均匀分布
```
                else
                    Dec = ones(Problem.D, Problem.D);
```
% 如果 REAL 为假,则生成一个 Problem. D 行 Problem. D 列的全一矩阵
```
                end
```

Mask = eye(Problem. D)；　　　％生成 Problem. D 行 Problem. D 列的单位矩阵，作为掩码变量。掩码变量用于表示哪些决策变量是有效的(值为 1)或无效的(值为 0)

Population = SOLUTION(Dec. * Mask)；

％利用 Dec 和 Mask 的点乘结果作为输入，调用 SOLUTION 函数生成一个个体，并将其存入 Population 数组中，目的是根据决策变量矩阵 Dec 和掩码矩阵 Mask 生成一个个体，并将其存入 Population 数组中。SOLUTION 函数具体详解已在 NSGA－Ⅱ算法中呈现

％Dec 和 Mask 的点乘结果是一个 Problem. D 行 Problem. D 列的矩阵，其中只有对角线上的元素可能不为零，其余元素都为零。这样可以保证每个个体只有一维决策变量是有效的，其余维度都是无效的，便于将个体所属非支配层作为决策变量得分

TDec = [TDec；Dec]；
％将 Dec 矩阵拼接到 TDec 矩阵的下方，更新 TDec 矩阵

TMask = [TMask；Mask]；
％将 Mask 矩阵拼接到 TMask 矩阵的下方，更新 TMask 矩阵

TempPop = [TempPop，Population]；
％将 Population 数组拼接到 TempPop 数组的后方，更新 TempPop 数组

Fitness = Fitness + NDSort([Population. objs，Population. cons]，inf)；
％利用 NDSort 函数对 Population 数组中的个体进行非支配排序，返回每个个体的非支配层级，并与 Fitness 向量相加，更新 Fitness 向量，Fitness 向量是一个用于存储每个决策变量得分的向量，在每次循环中与 NDSort 函数的输出相加，从而累积每个决策变量在不同种群中的非支配层级。整个 for 循环代码的目的是计算每个决策变量在当前种群中的表现，作为后续选择该维决策变量的概率的依据

end

％生成初始种群
if REAL
　　　　Dec =
unifrnd(repmat(Problem. lower，Problem. N，1)，repmat(Problem. upper，Problem. N，1))；
％如果 REAL 为真，则生成一个 Problem. N 行 Problem. D 列的矩阵，每个元素服从 Problem. lower 与 Problem. upper 之间的均匀分布。N 表示种群规模
　　　　else
　　　　Dec = ones(Problem. N，Problem. D)；

% 如果 REAL 为假,则生成一个 Problem. N 行 Problem. D 列的全一矩阵

end

Mask = zeros(Problem. N, Problem. D);

% 生成一个 Problem. N 行 Problem. D 列的全零矩阵,作为掩码变量

for i = 1 : Problem. N

Mask(i,TournamentSelection(2,ceil(rand * Problem. D), Fitness)) = 1;

% 对每一行的掩码变量,随机选择一个位置,调用 TournamentSelection 函数在 Fitness 向量中进行二元锦标赛选择,返回一个索引值,并将该位置的值设为 1

end

Population = SOLUTION(Dec. * Mask);

% 利用 Dec 和 Mask 的点乘结果作为输入,调用 SOLUTION 函数生成一组个体,并将其存入 Population 数组中

[Population,Dec,Mask, FrontNo, CrowdDis] = EnvironmentalSelection([Population,TempPop], [Dec;TDec],[Mask;TMask], Problem. N);

% 将 Population 数组与 TempPop 数组合并,将 Dec 矩阵和 TDec 矩阵拼接,将 Mask 矩阵和 TMask 矩阵拼接,作为输入,调用 EnvironmentalSelection 函数进行环境选择,返回新的 Population 数组、Dec 矩阵、Mask 矩阵、非支配层级向量和拥挤距离向量

%% 优化

while Algorithm. NotTerminated(Population)

% 开始一个循环,判断 Algorithm 是否满足终止条件。 Algorithm. NotTerminated 是一个方法,接受一个参数:当前种群。如果没有达到最大评价次数或最大运行时间,则返回真;否则,返回假

MatingPool = TournamentSelection(2,2 * Problem. N, FrontNo, − CrowdDis);

% 调用 TournamentSelection 函数在非支配层级向量和拥挤距离向量中进行二元锦标赛选择,返回 2Problem. N 个索引值,并将其存入 MatingPool 向量中。这些索引值表示被选中进行交叉变异操作的个体

[OffDec, OffMask] =

Operator(Dec(MatingPool,:),Mask(MatingPool,:), Fitness,REAL);

% 利用 MatingPool 向量中的索引值从 Dec 矩阵和 Mask 矩阵中提取相应的行作为输入,调用 Operator 函数进行交叉变异操作,并返回新生成的决策变量

Offspring = SOLUTION(OffDec. * OffMask);

% 根据决策变量计算目标函数值

[Population，Dec，Mask，FrontNo，CrowdDis]　　　　　＝　　　　　Environmental
Selection([Population，Offspring]，[Dec；OffDec]，[Mask；OffMask]，Problem. N)；

　　　　% 对组合种群进行非支配排序和拥挤距离计算，选择前 Problem. N 个解作为下
一代种群，并返回下一代种群 Population、下一代决策变量矩阵 Dec、下一代掩码矩阵 Mask、下一
代非支配层级向量 FrontNo 和下一代拥挤距离向量 CrowdDis

　　　　end
　　end
　end
end

9.4.2　EnvironmentalSelection 函数

以下是对 EnvironmentalSelection 函数的代码说明，该函数对种群进行环境
选择以保持种群的规模不变。根据环境选择的结果，将被选中的解决方案的决策
变量矩阵从 Dec 中筛选出来，更新 Dec。同时，将被选中的解决方案的掩码矩阵从
Mask 中筛选出来，更新 Mask。

% 环境选择函数，是 PlatEMO 平台内置函数

function[Population，Dec，Mask，FrontNo，CrowdDis] ＝ EnvironmentalSelection(Population，
Dec，Mask，N)

% 输入参数 Population、Dec、Mask、N，分别表示种群规模、实数编码、二进制掩码、种群大小

% 输出参数 Population、Dec、Mask、FrontNo、CrowdDis，分别表示种群规模、实数编码、二进制
掩码、非支配等级、拥挤度距离

%% 删除重复的解决方案

[～，uni] ＝ unique(Population. objs，'rows')；

% 通过比较 Population 中的目标函数值(Population. objs)，找到不重复的解决方案，并返回
它们在 Population 中的索引 uni

% 使用 unique 函数进行比较，'rows' 参数表示按行进行比较

Population ＝ Population(uni)；

% 将 Population 中重复的解决方案删除，保留只出现一次的解决方案

Dec　　＝ Dec(uni，:)；

% 将 Dec 矩阵中与重复解决方案对应的行删除，保留只出现一次的解决方案所对应的行

Mask　　＝ Mask(uni，:)；

% 将 Mask 矩阵中与重复解决方案对应的行删除，保留只出现一次的解决方案所对应的行

N　　＝ min(N，length(Population))；

% 确保所需选择的解决方案数量 N 不超过当前的解决方案总数

%% 非支配排序

[Front No,Max FNo] = ND Sort(Population. objs, Population. cons, N);

% 使用非支配排序(NDSort)算法对解决方案进行排序,并返回每个解决方案所属的前沿编号(Front No) 以及最大前沿编号(Max FNo)

Next = Front No < Max FNo;

% 根据 Front No 和 Max FNo 生成一个逻辑向量 Next。Next 变量表示当前种群中除了最后一层非支配解以外(即非支配等级小于最大非支配等级) 所有解都被选择为下一代种群

%% 计算每个解的拥挤距离

CrowdDis = CrowdingDistance(Population. objs, Front No);

% 使用拥挤距离(CrowdingDistance) 算法计算每个解决方案的拥挤距离,并将结果保存在向量 CrowdDis 中

%% 根据拥挤距离选择最好的解

Last　　　 = find(FrontNo == MaxFNo);

% 找到最大前沿编号的解决方案所在的位置,将这些位置保存在向量 Last 中

[~,Rank] = sort(CrowdDis(Last),'descend');

% 对拥挤距离向量 CrowdDis 中最大前沿编号解决方案所在位置的拥挤距离进行降序排序,并返回排序后的位置索引 Rank

Next(Last(Rank(1:N − sum(Next)))) = true;

% 根据拥挤距离选择最好的解决方案。首先从排序后的解决方案中选取前 N − sum(Next) 个解决方案(以确保至少选择 N 个解决方案),然后将其在 Next 向量中对应的位置标记为 true,表示这些解决方案被选择

%% 子代

Population = Population(Next);

% 根据选择结果,将被选中的解决方案从 Population 中筛选出来,更新 Population

FrontNo　　　 = FrontNo(Next);

% 根据选择结果,将被选中的解决方案的前沿编号从 FrontNo 中筛选出来,更新 FrontNo

CrowdDis　　 = CrowdDis(Next);

% 根据选择结果,将被选中的解决方案的拥挤距离从 CrowdDis 中筛选出来,更新 CrowdDis

Dec　　 = Dec(Next,:);

% 根据选择结果,将被选中的解决方案的决策变量矩阵从 Dec 中筛选出来,更新 Dec

Mask　　＝ Mask(Next,:);

%　根据选择结果,将被选中的解决方案的掩码矩阵从 Mask 中筛选出来,更新 Mask

end

%　最终,函数返回更新后的 Population、Dec、Mask、FrontNo 和 CrowdDis,这些变量包含了经过环境选择后的解决方案集合及其相关信息

9.4.3　Operator 函数

下面给出了 Operator 函数的具体程序及说明,该程序对种群个体的 Mask 和 Dec 实施交叉和变导操作。

```
%　交叉变异操作
function[ OffDec, OffMask] = Operator(ParentDec, ParentMask, Fitness,REAL)
%　输入参数是 ParentDec、ParentMask、Fitness、REAL,分别表示父代种群的决策变量、掩码变
量、决策变量得分、是否使用实数编码
%　输出参数是 OffDec、OffMask,分别表示子代种群的决策变量和掩码变量


%　参数设置
[N,D]　　　　＝ size(ParentDec);
%　获取父代解决方案矩阵的大小,其中 N 表示解决方案数量,D 表示每个解决方案的维度
Parent1Mask ＝ ParentMask(1:N/2,:);
%　将父代掩码矩阵的前 N/2 行赋值给变量 Parent1Mask
Parent2Mask ＝ ParentMask(N/2＋1:end,:);
%　将父代掩码矩阵的后 N/2 行赋值给变量 Parent2Mask


%% mask 交叉
OffMask = Parent1Mask;
%　将 Parent1Mask 赋值给子代掩码矩阵 OffMask,作为初始值
for i = 1:N/2%　循环迭代每个父代解决方案
    if rand＜ 0.5%　以 50% 的概率执行下面的操作
        index = find(Parent1Mask(i,:)& ～ Parent2Mask(i,:));
        %　找到在第 i 个父代解决方案的掩码中为 1 而在第 i 个父代解决方案的另一部分
掩码中为 0 的位置索引
        index = index(TS(− Fitness(index)));
        %　对于找到的位置索引,使用 TS 函数进行二进制锦标赛选择,选择适应度较小的
位置索引。− Fitness(index) 表示将适应度取负值,以便在锦标赛选择中选择适应度较小的解
决方案
        OffMask(i,index) = 0;
```

　　　　　　　% 将 OffMask 中第 i 个解决方案的选定位置索引对应的掩码值设置为 0,即将一部分掩码从 Parent1Mask 转移到 Off Mask

　　　　　　else

　　　　　　　index = find($\sim$ Parent1Mask(i,:)&Parent2Mask(i,:));

　　　　　　　% 找到在第 i 个父代解决方案的掩码中为 0 而在第 i 个父代解决方案的另一部分掩码中为 1 的位置索引

　　　　　　　index = index(TS(Fitness(index)));

　　　　　　　% 对于找到的位置索引,使用 TS 函数进行二进制锦标赛选择,选择适应度较大的位置索引。Fitness(index) 表示原始适应度值,以便在锦标赛选择中选择适应度较大的解决方案

　　　　　　　Off Mask(i,index) = Parent2 Mask(i,index);

　　　　　　　% 将 Parent2Mask 中第 i 个解决方案的选定位置索引对应的掩码值复制到 Off Mask 中,即将一部分掩码从 Parent2Mask 转移到 OffMask

　　　　　　end

　　　　end

%% mask 变异

for i = 1:N/2

　　if rand < 0.5

　　　　index = find(OffMask(i,:));

　　　　% 找到在第 i 个子代解决方案的掩码中为 1 的位置索引

　　　　index = index(TS($-$ Fitness(index)));

　　　　% 对于找到的位置索引,使用 TS 函数进行二进制锦标赛选择,选择适应度较小的位置索引

　　　　OffMask(i,index) = 0;

　　　　% 将 OffMask 中第 i 个解决方案的选定位置索引对应的掩码值设置为 0,即对选定位置进行变异,将其置为 0

　　else

　　　　index = find($\sim$ OffMask(i,:));

　　　　% 找到在第 i 个子代解决方案的掩码中为 0 的位置索引

　　　　index = index(TS(Fitness(index)));

　　　　% 对于找到的位置索引,使用 TS 函数进行二进制锦标赛选择,选择适应度较大的位置索引

　　　　OffMask(i,index) = 1;

　　　　% 将 OffMask 中第 i 个解决方案的选定位置索引对应的掩码值设置为 1,即对选定位置进行变异,将其置为 1

```
        end
    end

    %% dec 的交叉和变异
    if REAL % 如果 REAL 为真,则执行下列语句
        OffDec = OperatorGAhalf(ParentDec);
        % 调用 OperatorGAhalf 函数对父代解决方案进行交叉和变异操作,得到子代解决方
案 OffDec
    else
        OffDec = ones(N/2,D);
        % 将子代解决方案 OffDec 初始化为全 1 矩阵,大小为 N/2 行 D 列
    end
end

%% TS 函数
function index = TS(Fitness)
% 二进制锦标赛选择
    if isempty(Fitness) % 如果 Fitness 为空,即没有适应度值,执行下面的操作
        index = [];% 将 index 设置为空
    else
        index = TournamentSelection(2,1, Fitness);
        % 调用 TournamentSelection 函数进行二进制锦标赛选择,选择出两个适应度值较好
的解决方案的索引,并将这些索引赋值给 index
    end
end
% 总体而言,这段代码实现了 SparseEA 中的交叉变异部分,包括掩码的交叉和变异操作,以及
解决方案的交叉和变异操作
```

9.4.4　OperatorGAhalf 函数

下面给出了 OperatorGAhalf 函数的具体程序及说明,该程序对种群个体具体实施 Dec 的交叉变异操作。

```
% 交叉和变异函数是 PlatEMO 平台内置函数
function Offspring = OperatorGAhalf(Parent, Parameter)
% 输入参数:Parent 表示父代个体的决策变量矩阵,是一个 N×D 的矩阵;Parameter 表示交叉和
变异操作的参数,是一个 cell 数组,包含四个元素,即 proC 交叉概率、disC 交叉分布指数、proM 变
异概率和 disM 变异分布指数
```

% 输出参数：Offspring 表示子代个体的决策变量矩阵，是一个 N×D 的矩阵，每个元素的类型与父代个体相同

% 这个函数与 OperatorGA 函数类似，这里只对后代的前一半进行评估并返回

```
%% 参数设置
if nargin > 1% 若输入参数个数大于 1
    [proC,disC,proM,disM] = deal(Parameter{:});% 将 Parameter 中的数依次赋值给
proC、disC、proC、disM
else % 若输入参数个数小于等于 1
    [proC,disC,proM,disM] = deal(1,20,1,20);% 则将 1、20、1、20 分别赋值给 proC、
disC、proC、disM
end
if isa(Parent(1),'SOLUTION')% isa 是一个函数，用于判断一个变量是否属于某个类
% 这里的 Parent(1) 是一个变量，表示父代个体的第一个元素，'SOLUTION' 是一个字符
串，表示一个类的名字，它是 PlatEMO 中定义的一个类，用于表示一个解对象，包含决策变量值、
目标函数值、约束违反度和附加信息等属性
    calObj = true;
    %calObj 是一个变量，表示是否需要计算目标函数值，它是一个布尔值
    % 如果 Parent(1) 属于 SOLUTION 类，那么说明 Parent 是一个解对象的数组，每个元
素都已经包含了目标函数值，所以不需要再计算，将 calObj 设为真(1)
    Parent = Parent. decs;% 将 Parent 中的 dec 部分赋值给 Parent
else
    calObj = false;
end
Parent1 = Parent(1:floor(end/2),:);
Parent2 = Parent(floor(end/2) + 1:floor(end/2) * 2,:);;
% 以上两句将 Parent 中值的前半部分赋值给 Parent1,后半部分赋值给 Parent2。Parent1
和 Parent2 都是 N/2 * D 的矩阵
[N,D]  = size(Parent1);% 此时 Parent1 的行数是 N/2,列数为 D
Problem = PROBLEM. Current();% 获取当前的问题对象，并赋值给 Problem

switch Problem. encoding

    case 'binary'
        %% 基于二进制编码的遗传
        % 采用均匀交叉方法
```

k = rand(N,D) < 0.5;

% 生成一个 N×D 的矩阵,每个元素是一个随机的布尔值,表示是否进行交叉

% 调用 rand 函数生成一个 N×D 的矩阵,每个元素是一个 0 到 1 之间的随机数,然后与 0.5 比较。如果小于 0.5,就返回真(1);否则,就返回假(0)

k(repmat(rand(N,1) > proC,1,D)) = false;

% 它的作用是更新 k 矩阵,使得一些元素变为假,表示选择一些个体不进行交叉

% 相当于对每个个体,以 proC 的概率决定是否进行交叉,如果不进行交叉,就将该个体对应的 k 矩阵的所有元素都设为假(0)

Offspring　　　= Parent1;% 这个赋值语句相当于将子代个体初始化为父代个体的复制

Offspring(k) = Parent2(k);% 作用是将 Parent2 中的一些位赋值给 Offspring,实现交叉操作

%k 表示交叉的位置,每个元素是一个布尔值

% 这里的 Offspring(k) 是一个索引赋值语句,作用是将 Offspring 中满足条件的元素都赋值为 Parent2 中对应位置的元素

% 相当于从 Parent2 中随机选择一些位,替换 Offspring 中的相应位,生成一个新的子代个体

% 位翻转变异

Site = rand(N,D) < proM/D;

% 与 proM/D 比较后,生成一个 N * D 的矩阵,每个元素是一个随机的布尔值,表示是否进行变异

Offspring(Site) =~ Offspring(Site);% 将 Site 为 1 的位置取反并赋值给 Offspring

case 'permutation'

%% 基于排列编码的遗传

% 顺序交叉

Offspring = Parent1;% 初始化 Offspring 为 Parent1

k = randi(D,1,N);% 生成一个 1 * N 的随机整数向量 k,表示交叉点的位置,每个元素的范围是 1 到 D 之间的一个整数

for i = 1:N% 循环每个个体

　　Offspring(i,k(i)　+　1:end)　=　setdiff(Parent2(i,:),　Parent1(i,1:k(i)),'stable');

% 对于每个个体 i,从第 k(i)+1 个基因值开始,将 Parent2(i,:) 中的基因值按照原来的顺序填充到 Offspring(i,:) 中,但是要保证不与 Offspring(i,1:k(i)) 中的基因值重

复,这样就得到了一个子代解

```
            %setdiff 函数,用于求两个集合的差集,并保持原来的顺序
    end
    % 轻微变异
    k = randi(D,1,N);%生成一个 1 * N 的随机整数向量 k,表示变异点的位置,每个
元素的范围是 1 到 D 之间的一个整数
        s = randi(D,1, N);%生成一个 1 * N 的随机整数向量 s,表示变异点的另一个位
置,每个元素的范围是 1 到 D 之间的一个整数
    for i = 1:N   % 循环每个个体
        if s(i) < k(i)
            Offspring(i,:) = Off spring(i,[1:s(i) − 1,k(i),s(i):k(i) − 1,k(i) +
1:end]);
                % 对于每个个体 i,如果 s(i) 小于 k(i),那么将 Off spring(i,:) 中的第
k(i) 个基因值和第 s(i) 个基因值交换位置,即将 Off spring(i,:) 中的第 s(i) 个基因值插入到第
k(i) 个基因值的位置,同时将第 s(i) 个基因值到第 k(i) − 1 个基因值之间的基因值向后移动
一位
        else if s(i) > k(i)
            Offspring(i,:) = Off spring(i, [1:k(i) − 1,k(i) + 1:s(i) − 1,k(i),
s(i):end]);
                % 如果 s(i) 大于 k(i),那么将 Offspring(i,:) 中的第 k(i) 个基因值和第
s(i) 个基因值交换位置,即将 Offspring(i,:) 中的第 k(i) 个基因值插入到第 s(i) 个基因值的位
置,同时将第 k(i) + 1 个基因值到第 s(i) − 1 个基因值之间的基因值向前移动一位
        end
        % 如果 s(i) 等于 k(i),那么不进行变异
    end


otherwise
    %% 基于实数编码的遗传
    % 模拟二进制交叉
    beta = zeros(N,D);%初始化 beta 为一个 N * D 的全零矩阵,表示交叉因子,其中
N 表示个体数,D 表示决策变量的维数
    %beta 用于存储交叉操作的参数,它是一个随机变量,服从模拟二进制分布,用于
控制交叉的分布特征
    mu   = rand(N,D);%生成一个 N * D 的随机矩阵 mu,每个元素为 0 到 1 之间的
一个数,表示交叉概率,用于控制是否进行交叉
```

% 接下来,根据 mu 和 dis C 计算 beta 的值,使其满足模拟二进制分布,如下方法:

beta(mu <= 0.5) = (2 * mu(mu <= 0.5)).^(1/(disC + 1));

beta(mu > 0.5)　= (2 − 2 * mu(mu > 0.5)).^(−1/(disC + 1));

% 将 mu 矩阵中小于等于 0.5 的元素对应的 beta 矩阵元素计算为 (2 * mu(mu <= 0.5)).^(1/(disC + 1))

% 将 mu 矩阵中大于等于 0.5 的元素对应的 beta 矩阵元素计算为 (2 − 2 * mu(mu > 0.5)).^(−1/(disC + 1))

% 其中,disC 表示分布指数,它是一个正的常数,用于控制交叉的分布特征,一般取 2 或 20

% 当 disC 越大时,beta 越有可能接近 1,这意味着子代解越有可能接近父代解

% 当 disC 越小时,beta 越有可能远离 1,这意味着子代解越有可能远离父代解

beta = beta. * (−1).^randi([0,1], N,D);

% 将 beta 随机乘 −1 或 1,使其对称分布在 −1 与 1 之间,这样可以保证子代解的对称性

beta(rand(N,D) < 0.5) = 1;

% 将 beta 矩阵中小于 0.5 的随机元素设置为 1,表示不进行交叉,这样可以保证子代解的多样性

beta(repmat(rand(N,1) > proC,1,D)) = 1;

% 根据交叉概率 proC,随机选择一些行不进行交叉,将 beta 中对应位置设为 1,这样可以保证交叉的概率

Offspring = (Parent1 + Parent2)/2 + beta. * (Parent1 − Parent2)/2;

% 多项式突变

Lower = repmat(Problem. lower, N,1);

Upper = repmat(Problem. upper, N,1);

% 获取决策变量的下界和上界,分别赋值给 Lower 和 Upper,这是为了保证变异后的个体仍然在可行域内

Site　= rand(N,D) < pro M/D;

% 生成一个 N * D 的随机矩阵 Site,表示是否进行翻转,用于控制哪些后代解进行变异。如果 Site 中的某个元素小于变异概率 pm/D,那么对应的后代解的某个基因就会进行变异,否则就保持不变

mu　= rand(N,D);

% 生成一个 N * D 的随机矩阵 mu,表示变异概率,用于控制变异的程度。如果 mu 中的某个元素小于等于 0.5,那么对应的后代解的某个基因就会进行较小程度的变异,如果大于 0.5,就会进行较大程度的变异

temp　= Site & mu <= 0.5;% 根据 Site 和 mu 的值,确定哪些后代解需要进行

较小程度的变异,用 temp 表示

$\quad$ Offspring $\quad = \min(\max(\text{Offspring}, \text{Lower}), \text{Upper})$;

$\quad$ Offspring(temp) $=$ Offspring(temp) $+$ (Upper(temp) $-$ Lower(temp)). $* ((2.* \text{mu(temp)} + (1-2.* \text{mu(temp)}).*...*(1 - (\text{Offspring(temp)} - \text{Lower(temp)}).$ /(Upper(temp) $-$ Lower(temp))). $\hat{} (\text{disM}+1)). \hat{}(1/(\text{disM}+1))-1$;

$\quad$ % 对于这些后代解,根据上述公式进行变异操作,其中 disM 表示分布指数,用于控制变异的分布特征,一般取 20 或 30

$\quad$ % 这个公式的含义是在原始基因值的基础上加上一个与基因值距离下界的比例有关的增量,使得变异后的基因值更靠近下界

$\quad$ temp $=$ Site & mu > 0.5;% 根据 Site 和 mu 的值,确定哪些后代解需要进行较大程度的变异,用 temp 表示

$\quad$ Offspring(temp) $=$ Offspring(temp) $+$ (Upper(temp) $-$ Lower(temp)). $* (1-(2.* (1 - \text{mu(temp)}) + 2.* (\text{mu(temp)} - 0.5).*...*(1 - (\text{Upper(temp)} - \text{Offspring(temp)}).$ /(Upper(temp) $-$ Lower(temp))). $\hat{} (\text{disM}+1)). \hat{}(1/(\text{disM}+1)))$;

$\quad$ % 对于这些后代解,根据公式进行变异操作,其中 disM 表示分布指数,用于控制变异的分布特征,一般取 20 或 30

$\quad$ % 这个公式的含义是在原始基因值的基础上加上一个与基因值距离上界的比例有关的增量,使得变异后的基因值更靠近上界

$\quad$ end

$\quad$ if calObj

$\quad\quad$ Offspring $=$ SOLUTION(Offspring);

$\quad$ end

end

第10章　改进稀疏进化算法

10.1　改进策略

10.1.1　自适应交叉变异概率策略

Sparse EA 应用 NSGA－Ⅱ 算法框架，交叉和变异操作是其核心。在 **dec** 的交叉变异阶段，Sparse EA 将所选父代直接进行交叉和变异操作，未考虑父代每个个体在不同的搜索阶段其优劣程度会发生变化。针对该问题，提出一种自适应交叉变异概率策略，根据个体在每轮迭代中表现出的优劣程度来动态调整其交叉概率和变异概率，为优秀个体提供更多的交叉概率和变异概率，从而提高算法的搜索效率和质量。以下是自适应交叉变异概率策略的具体实施步骤。

（1）计算父代个体的非支配层级。

采用 NSGA－Ⅱ 的快速非支配排序法，将父代种群中的所有个体都赋予非支配等级，个体越优秀，所处的非支配层级越低。种群中第 i 个个体用 X_i 表示，$i \in [1, N]$，N 表示种群规模，X_i 所处非支配层级用 r_i 表示。

（2）计算父代个体被选择的概率 P_i。根据 X_i 的非支配层级 r_i，计算所有个体的被选择概率。定义 X_i 被选择的概率为 P_i，计算方法为

$$P_i = \frac{\max r - r_i + 1}{\max r} \tag{10.1}$$

式中，$\max r$ 表示最大的非支配层级。可以看出，个体越优秀，所处非支配层级越低，个体被选择的概率就越大。

（3）计算自适应交叉概率和变异概率。

定义个体 X_i 的自适应交叉概率 P_{ci} 和变异概率 P_{mi} 分别为

$$P_{ci} = P_{c0} \times P_i \tag{10.2}$$

$$P_{mi} = P_{m0} \times P_i \tag{10.3}$$

式中，P_{c0}、P_{m0} 表示 Sparse EA 中的固定的交叉概率和变异概率。可知，个体越优秀，发生交叉和变异的概率也就越大。

（4）自适应遗传产生子代。

父代种群中的每个个体都通过式（10.2）和式（10.3）计算得到其自适应交叉概率 P_{ci} 和变异概率 P_{mi}。在 **dec** 变量的遗传过程中，首先交叉操作与变异操作产生逻辑矩阵 K 与 Sparse EA 一致，用以记录交叉和变异操作的位置，然后父代种群中

个体根据自适应交叉概率 P_{ci} 和变异概率 P_{mi} 进行交叉和变异产生子代。自适应交叉变异策略的 **dec** 交叉过程如图 10.1 所示，**dec** 变异过程如图 10.2 所示。为与 Sparse EA 形成对比，假设产生与 Sparse EA 一致的 K 矩阵和 d 矩阵，假设个体非支配层 P_{c0} 和 P_{m0} 仍为 0.9 和 0.03。

10.1.2　决策变量动态评分策略

Sparse EA 中，在 **mask** 的遗传变异过程中，父代种群始终根据初始化阶段的决策变量得分进行遗传变异操作产生子代种群。然而，决策变量的得分在种群进化过程中会随着个体的非支配层级变化而变化，所以应该随着种群的更新实时更新决策变量的得分。针对该问题，提出一种决策变量动态评分策略，根据个体在迭代过程中优劣程度的改变，更新迭代过程中的决策变量得分，动态评估决策变量的质量，增加优胜决策变量进行交叉或变异的机会，减少算法计算资源的浪费，提高算法的搜索效率。以下是决策变量动态评分策略的具体过程。

(1) 计算父代个体的非支配层级。

与自适应交叉变异概率策略一致，采用 NSGA-Ⅱ 的快速非支配排序法，将父代种群中的所有个体都赋予非支配等级，个体越优秀，所处的非支配层级越低。

(2) 计算个体非支配层得分 S_{r_i}。

假设 X_i 的非支配层级为 r_i，所有非支配层的最大值为 $\max r$，计算 X_i 的非支配层得分 S_{r_i}，有

$$S_{r_i} = \max r - r_i + 1 \tag{10.4}$$

N 个个体的 S_{r_i} 组成 $N \times 1$ 大小的 S_r 矩阵，表示 N 个个体的非支配层得分矩阵。个体的非支配层级数越小，其得分 S_{r_i} 越大。

(3) 计算每维决策变量评分 $\mathrm{sum}\, S_d$。

根据个体非支配层得分矩阵 S_r，利用

$$\mathbf{sum}\, \mathbf{S} = \mathbf{S\_r}^{\mathrm{T}} \times \mathbf{mask} \tag{10.5}$$

将 S_r 的转置矩阵与父代个体 $N \times D$ 大小的 **mask** 矩阵相乘，得到 $1 \times D$ 的决策变量评分矩阵 **sum S**。其中，$\mathbf{sum}\, \mathbf{S} = [\mathrm{sum}\, S_1, \cdots, \mathrm{sum}\, S_d, \cdots, \mathrm{sum}\, S_D]$，$\mathrm{sum}\, S_d$ 表示第 d 维决策变量的评分，**sum S** 中最大的总评分设为 $\max S$。

(4) 计算并更新决策变量得分 S_d。

根据每维决策变量的评分 $\mathrm{sum}\, S_d$，利用

$$S_d = \max S - \mathrm{sum}\, S_d + 1 \tag{10.6}$$

计算得到决策变量得分 S_d。可以看出，决策变量总评分越大，决策变量得分越小。

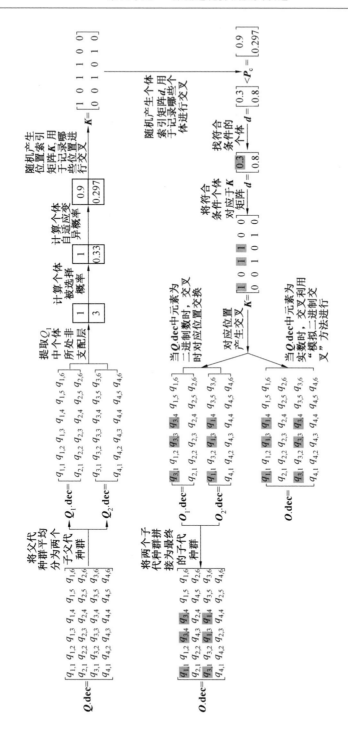

图10.1 自适应交叉变异策略的dec交叉过程

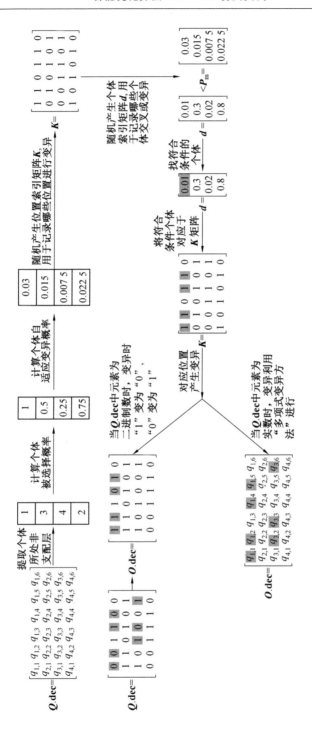

图10.2 自适应交叉变异策略的dec变异过程

（5）二进制掩码 **mask** 遗传产生子代。

每次迭代遗传时，根据更新后的决策变量得分S_d，利用二元锦标赛策略选出进行交叉和变异的位置。决策变量动态评分策略中 **mask** 的交叉和变异操作流程如图 10.3 和图 10.4 所示。为与 Sparse EA 形成对比，假设父代个体$\mathbf{Q}_{a_1}$ 和$\mathbf{Q}_{a_2}$ 与 Sparse EA 一致。

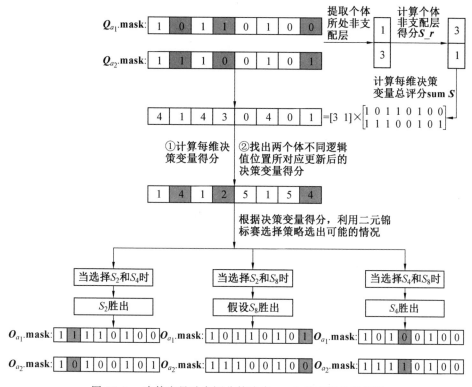

图 10.3 决策变量动态评分策略中 **mask** 的交叉操作流程

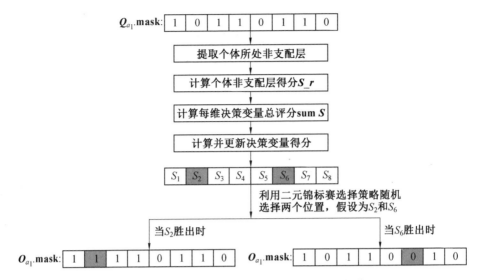

图 10.4   决策变量动态评分策略中 **mask** 的变异操作流程

10.2   改进 Sparse EA 步骤

改进 Sparse EA 步骤如下。

① 初始化参考点矩阵。

② 判断输入的编码类型。若为实数偏码,则将决策变量的 **dec** 初始化为一个服从均匀分布的 $D \times D$ 大小的矩阵;若不为实数偏码,则将决策变量的 **dec** 初始化为一个 $D \times D$ 大小的全一矩阵。

③ 初始化决策变量二进制掩码 **mask** 为 $D \times D$ 大小的单位矩阵,并将 **dec** × **mask** 作为输入,计算种群 T。

④ 计算种群 T 的决策变量得分 S。

⑤ 根据输入的编码类型,初始化种群 P。

⑥ 利用二元锦标赛选择法选择进行遗传变异的父代种群 Q。

⑦ 根据初始化决策变量得分、交叉概率 P_{c0} 和变异概率 P_{m0},执行交叉变异操作,生成子代种群 O。

⑧ 将生成的子代与父代合并,利用精英策略选出父代备选种群。

⑨ 将父代备选种群进行非支配排序,得出每个个体的非支配层级,根据非支配层级利用式(10.2)和式(10.3)计算自适应交叉变异概率。

⑩ 根据决策变量动态评分策略,利用式(10.4)计算父代备选种群中个体的非支配层数得分和决策变量得分。

⑪ 根据父代备选种群的非支配层,利用二元锦标赛策略选出下一迭代过程中的父代种群,更新 Q。

⑫ 根据自适应交叉概率、变异概率和决策变量得分,执行交叉变异操作得出子代种群,并更新 O。

⑬ 重复步骤 ⑧ ～ ⑫,直到满足最大运行条件,结束算法。

10.3 改进 Sparse EA 的 MATLAB 实现

10.3.1 SparseEA — AGDS 函数

下面给出 SparseEA — AGDS 的具体程序及说明,该程序是改进 Sparse EA 的具体实现。

```
% 此代码操作运行基于 PlatEMO 平台,且利用 PlatEMO 平台中 ALGORITHM 类提供的通用
方法和属性
% 此代码中未注释部分与 SparseEA 中作用类似,在此不再赘述
classdef Sparse_ AGDS < ALGORITHM
    methods
        function main(Algorithm, Problem)


            [Z, Problem.N] = UniformPoint(Problem.N, Problem.M);
            % 调用 UniformPoint 函数,生成均匀分布的参考点 Z,以及根据参考点个数确定
的种群规模 Problem.N
            % 输入参数:Problem.N 表示输入问题的解的规模;Problem.M 表示输入问题目
标函数的维度
            % 输出参数:Z 表示生成参考点的坐标
            %UniformPoint 函数是 PlatEMO 平台自带函数,目的是生成参考点


            %% 计算决策变量得分
            TDec    = [];
            TMask   = [];
            TempPop = [];
            Fitness = zeros(1, Problem.D);
            REAL    = ~ strcmp(Problem.encoding, 'binary');
            for i = 1 : 1 + 4 * REAL
                if REAL
                    Dec =
```

```
unifrnd(repmat(Problem.lower, Problem.D,1),repmat(Problem.upper, Problem.D,1));
        else
                Dec = ones(Problem.D, Problem.D);
        end
        Mask      = eye(Problem.D);
        Population = SOLUTION(Dec. * Mask);
        TDec      = [TDec;Dec];
        TMask     = [TMask;Mask];
        TempPop   = [TempPop, Population];
        Fitness   = Fitness + NDSort([Population.objs, Population.cons],inf);
        %NDSort 函数在 Sparse EA 部分已详细解释,在此不再赘述
    end




    %% 初始化种群
    if REAL
        Dec =
unifrnd(repmat(Problem.lower, Problem.N,1),repmat(Problem.upper, Problem.N,1));
        else
                Dec = ones(Problem.N, Problem.D);
        end
        Mask = zeros(Problem.N, Problem.D);
        for i = 1 : Problem.N
                Mask(i,TournamentSelection(2,ceil(rand * Problem.D), Fitness)) = 1;
        %TournamentSelection 函数在 SparseEA 部分已详细解释,在此不再赘述
        end
        Population = SOLUTION(Dec. * Mask);




        Zmin = min(Population(all(Population.cons <= 0,2)).objs,[],1);
        % 计算可行解的最小目标函数值,作为理想点 Zmin,目的是找到当前种群中满足
约束条件的个体的最优目标函数值,作为后续环境选择和交叉变异的参考标准
        [Population,Dec,Mask] =
EnvironmentalSelection([Population,TempPop],[Dec;TDec],[Mask;TMask], Problem.N,
Z,Zmin);
        % 调用 EnvironmentalSelection 函数,根据参考点 Z 和理想点 Zmin,对 Population
```

和 TempPop 进行环境选择,保留 Problem. N 个个体,并更新 Dec 和 Mask,目的是从当前种群和临时种群中选择出最优秀的个体,形成新的种群,并更新相应的决策变量和掩码矩阵

%% 优化

while Algorithm. NotTerminated(Population)

MatingPool = TournamentSelection(2, Problem. N,sum(max(0, Population. cons),2));

% 调用 TournamentSelection 函数在非支配层级向量中进行二元锦标赛选择,返回 Problem. N 个索引值,并将其存入 MatingPool 向量中。这些索引值表示被选中进行交叉变异操作的个体

% 非支配层级向量此时用 sum(max(0, Population. cons) 计算所得

% 其中,Population. cons 是一个矩阵,存储了种群中每个个体的约束条件。max(0, Population. cons) 会将所有小于零的约束值设为零,这样可以将违反约束的个体的适应度设为零

% sum 函数对每个个体的约束值进行求和,得到每个个体的非支配层向量

N = min(Problem. N,length(Population));　% 控制种群在种群规模范围内

[Front No, ～] = ND Sort(Population. objs, Population. cons, N);

% 计算当前种群的非支配层级 FrontNo,只考虑前 N 个个体,目的是对当前种群进行非支配排序,得到每个个体所属的层级,作为后续打分和交叉变异概率的依据

rateOfPopulation = (max(FrontNo) − FrontNo + 1) / max(FrontNo);

rateOfPopulation = rateOfPopulation(MatingPool)′;

% 计算每个个体的自适应交叉变异概率,根据非支配层级进行计算,层级越高(FrontNo 越小),概率越大,目的是根据每个个体在种群中的表现,给予不同程度的交叉变异概率,使得优秀个体有更大机会产生更好的后代

[OffDec, OffMask] =

Operator3(Dec(MatingPool,:),Mask(MatingPool,:), Fitness,REAL, rateOfPopulation);

% 调用 Operator3 函数,根据交配池中的个体的决策变量、掩码、适应度和编码方式,以及自适应交叉变异概率,进行遗传变异操作,生成新的决策变量和掩码

Offspring = SOLUTION(OffDec. * OffMask);

Zmin = min([Zmin; Offspring(all(Offspring. cons <= 0,2)). objs],[],1);

% 更新理想点 Zmin,考虑新生成的可行解的目标函数值,目的是根据新生成的个体的目标函数值更新理想点 Zmin,作为后续环境选择的参考标准

[Population,Dec,Mask] =

EnvironmentalSelection([Population, Offspring], [Dec; OffDec], [Mask; OffMask], Problem. N,Z,Zmin);

　　% 调用 EnvironmentalSelection 函数,根据参考点 Z 和理想点 Zmin,对 Population 和 Offspring 进行环境选择,保留 Problem. N 个个体,并更新 Dec 和 Mask

　　% 目的是从当前种群和新生成的种群中选择出优秀的个体,形成新的种群,并更新相应的决策变量和掩码矩阵

　　　　score = max(Front No) − Front No + 1;% 根据非支配层级为每个个体打分,层级越高(Front No 越小),分数越大,目的是根据每个个体所属的非支配层级,给予不同程度的分数,作为后续决策变量打分的依据

　　　　MaskScore = Mask . * repmat(score, [Problem. D 1])′;

　　% 计算每维决策变量的掩码分数,根据掩码和个体分数进行计算,掩码为 1 的位置取对应的分数,掩码为 0 的位置取 0,目的是将每个个体的分数转化为每维决策变量的分数,作为后续决策变量适应度的依据

　　　　decScore = sum(MaskScore);% 计算每维决策变量的总分数,对掩码分数进行求和

　　　　Fitness = max(decScore) − decScore + 1;% 更新每维决策变量得分,总分数越大,适应度越小,目的是给予每维决策变量一个适应度值,作为下一代种群初始化时选择该维决策变量的概率

　　　　end

　　　end

　　end

end

10.3.2　UniformPoint 函数

　　下面给出 UniformPoint 函数的具体程序及说明,该程序用于生成多维均匀分布的参考点。

%% 参考点建立函数

%UniformPoint 函数是主函数,它根据用户输入的 N、M 和 method 参数,调用相应的子函数,生成多维均匀分布点,并返回结果给用户

% NBI 函数、ILD 函数、MUD 函数、grid 函数和 Latin 函数是五种不同的子函数,它们都根据用户输入的 N 和 M 参数,利用不同的方法生成多维均匀分布点,并返回结果给 UniformPoint 函数

%GoodLatticePoint 函数是辅助函数,它被 MUD 函数调用,用来生成良好格点,作为 MUD 方法的基础

%Cal CD2 函数是另一个辅助函数,它被 GoodLatticePoint 函数和 NBI 函数调用,用来计算 CD2 指标,作为评价多维均匀性的标准

%UniformPoint 函数

```
function[W，N] = UniformPoint(N,M,method)
```
% 三个输入参数:N、M 和 method。两个输出参数:W 和 N

% 输入参数 N 表示期望生成的点的个数;M 表示目标函数的维数;method 表示生成均匀分布点的方法名,可以是 'NBI' 或其他可选方法

% 输出参数 W 表示生成的点的坐标矩阵;N 表示实际生成的点的个数,可能与输入参数 N 不同
```
    if nargin < 3      % 判断输入参数的个数是否小于 3,目的是检查用户是否提供了第三个
参数
        method = 'NBI';      % 如果没有提供三个参数,则将 method 赋值为 'NBI',表示使用
基于邻居法的方法生成均匀分布点
    end
    [W，N] = feval(method,N,M);
```
% 调用 feval 函数,根据 method 指定的方法名,以及 N 和 M 作为输入参数,返回 W 和 N 作为输出参数,目的是执行相应的方法函数,生成均匀分布点,并返回结果
```
end
```

%NBI 函数
```
function[W，N] = NBI(N,M)
```
% 两个输入参数:N 和 M。两个输出参数:W 和 N

% 输入参数 N 表示期望生成的点的个数;M 表示目标函数的维数。输出参数 W 表示生成的点的坐标矩阵,每一行是一个点,每一列是一个坐标;N 表示实际生成的点的个数,可能与输入参数 N 不同
```
    H1 = 1;      % 定义变量 H1,初始值为 1,Hi 表示第 i 层超平面,初始化第一层超平面的
截距。
    while nchoosek(H1+M,M−1) <= N      % 判断组合数 nchoosek(H1+M,M−1) 是否
小于等于 N,直到满足条件。目的是找到一个合适的 H1 值,使得第一层超平面上的均匀分布点
的个数不超过 N
        H1 = H1+1;
    end
    W = nchoosek(1:H1+M−1,M−1) − repmat(0:M−2,nchoosek(H1+M−1,M−
1),1)−1;
```
% 利用 nchoosek 函数和 repmat 函数生成一个矩阵 W,每一行从 1 到 H1+M−1 中不重复地选择 M−1 个数,并减去 0 到 M−2 之间相应位置的数,再减去 1,目的是生成第一层超平面上所有可能的截距组合,作为 W 矩阵的初始值
```
    W = ([W,zeros(size(W,1),1) + H1] − [zeros(size(W,1),1),W])/H1;
```
% 利用 zeros 函数和 size 函数在 W 矩阵右边添加一列全为 H1 的元素,并在左边添加一列全为 0 的元素,然后相减,并除以 H1,目的是将 W 矩阵中每一行表示截距组合转化为表示坐标组

合,并归一化到单位超平面上

　　if H1 < M　　% 这句代码的目的是检查是否需要生成第二层超平面上的均匀分布点

　　　　H2 = 0;% 定义变量 H2,初始值为 0,目的是初始化第二层超平面的截距

　　　　while nchoosek(H1+M−1,M−1)+nchoosek(H2+M,M−1) <= N　　　　% 这句代码的目的是找到一个合适的 H2 值,使得第一层和第二层超平面上的均匀分布点的总个数不超过 N

　　　　　　　　H2 = H2+1;

　　　　end

if H2 > 0　　　% 判断 H2 是否大于 0,目的是检查是否存在第二层超平面上的均匀分布点

　　　　W2 = nchoosek(1:H2+M−1,M−1)−repmat(0:M−2,nchoosek(H2+M−1,M−1),1)−1;

　　　　% 生成第二层超平面上所有可能的截距组合,作为 W2 矩阵的初始值

　　　　W2 = ([W2,zeros(size(W2,1),1)+H2]−[zeros(size(W2,1),1),W2])/H2;

　　　　% 为将 W2 矩阵中每一行表示截距组合转化为表示坐标组合,并归一化到单位超平面上

　　　　W　　= [W;W2/2+1/(2*M)];

　　　　% 将 W 矩阵和 W2 矩阵除以 2 并相加,然后拼接到 W 矩阵的下方,更新 W 矩阵,目的是将第二层超平面上的均匀分布点映射到第一层超平面上,并与第一层超平面上的均匀分布点合并,形成新的 W 矩阵

　　　　end

　　end

　　W = max(W,1e−6);% 将 W 矩阵中所有小于等于 10^-6 的元素替换为 10^-6,目的是避免 W 矩阵中出现过小或负数的元素,保证均匀分布点在单位超平面上有效

　　N = size(W,1);% 利用 size 函数获取 W 矩阵的行数,并赋值给 N 变量,目的是计算实际生成的均匀分布点的个数,并返回给用户作为输出参数 N

end

%ILD 函数

function[W, N] = ILD(N,M)

% 此函数中输入参数与输出参数所表示的意思与上述函数一致

　　I = M*eye(M);% 定义一个变量 I,赋值为 M 倍的 M 维单位矩阵,目的是初始化一个基础矩阵,用于后续生成边缘点

　　W = zeros(1,M);% 初始化一个初始点,作为 W 矩阵的第一行

　　edgeW = W;% 定义一个变量 edgeW,赋值为 W 矩阵,目的是初始化一个边缘点集合,用于后续扩展

　　while size(W) < N

edgeW = repmat(edgeW,M,1) + repelem(I,size(edgeW,1),1);% 生成下一层级的边缘点集合,每个边缘点都加上 I 矩阵中对应位置的元素

edgeW = unique(edgeW,'rows');　　　% 利用 unique 函数去除 edgeW 矩阵中重复的行,并赋值给 edgeW 矩阵,目的是保证边缘点集合中没有重复的点

edgeW(min(edgeW,[],2) ～= 0,:) = [];% 利用 min 函数找出 edgeW 矩阵中每一行最小值不等于 0 的行,并删除这些行,目的是去除边缘点集合中不在单位超平面上的点,保证均匀分布点在单位超平面上有效

W = [W+1;edgeW];% 将 W 矩阵中每个元素加 1,并与 edgeW 矩阵拼接,赋值给 W 矩阵,目的是将边缘点集合映射到单位超平面上,并与上一层级的均匀分布点合并,形成新的 W 矩阵

　　end

　　W = W./sum(W,2);　　　% 将坐标组合归一化到单位超平面上

　　W = max(W,1e−6);　　　% 避免 W 矩阵中出现过小或负数的元素,保证均匀分布点在单位超平面上有效

　　N = size(W,1);　　% 计算实际生成的均匀分布点的个数,并返回给用户作为输出参数 N

end

%MUD 函数

function[W, N] = MUD(N,M)

% 此函数中输入参数与输出参数所表示的意思与上述函数一致

　　X = GoodLatticePoint(N,M−1).^(1./repmat(M−1:−1:1, N,1));

　　% 调用 GoodLatticePoint 函数,根据 N 和 M−1 作为输入参数,返回一个矩阵 X,每一行是一个良好格点,目的是利用良好格点方法生成一组在单位超立方体上均匀分布的点,并将其转换为 X 矩阵

　　W = zeros(N,M);% 初始化一个 W 矩阵,用于存储最终生成的均匀分布点

　　W(:,1:end−1) = (1−X).*cumprod(X,2)./X;% 利用 X 矩阵中每一行元素计算出对应的坐标组合,并赋值给 W 矩阵中相应位置

　　W(:,end)　　= prod(X,2);% 利用 X 矩阵中每一行元素计算出对应的最后一个坐标,并赋值给 W 矩阵中相应位置

end

%grid 函数

function[W, N] = grid(N,M)

% 定义函数 grid,用来生成普通的网格点

　　gap = linspace(0,1,ceil(N^(1/M)));

　　eval(sprintf('[%s] = ndgrid(gap);',sprintf('c%d,',1:M)))

```
    eval(sprintf('W = [%s];',sprintf('c%d(:),',1:M)))
    N = size(W,1);
end
```

```
%Latin 函数
function[W, N] = Latin(N,M)
% 定义函数 Latin,用来生成拉丁超立方体网格点
    [~,W] = sort(rand(N,M),1);
    W = (rand(N,M) + W - 1)/N;
end
```

```
%GoodLatticePoint 函数
function Data = GoodLatticePoint(N,M)
% 定义函数 GoodLatticePoint,用来生成多维均匀网格点
% 输入参数是 N 和 M,分别表示网格点的个数和维度。输出参数是 Data,表示网格点的坐标
矩阵
    hm = find(gcd(1: N, N) == 1);        % 初始化 hm,hm 是用来构造网格点生成方式的
基础
    udt = mod((1: N)' * hm, N);        % 初始化 udt,udt 是用来存储所有可能的网格点生成
方式
    udt(udt == 0) = N;        % 把 udt 矩阵中等于 0 的元素都替换为 N,这样可以保证 udt 矩阵
中的元素都在[1, N] 区间内。这一步是为了避免出现 0 作为分母的情况
    nCombination = nchoosek(length(hm),M);
    % 计算从 length(hm) 个元素中选取 M 个元素的组合数,赋值给 n Combination,nchoosek
是求组合数的函数。nCombination 的目的是判断是否需要遍历所有可能的组合方式
    if nCombination < 1e4        % 如果 nCombination 小于 10000,即组合数不太多
        Combination = nchoosek(1:length(hm),M);% 生成一个 nCombination * M 的矩阵
Combination,它包含了所有可能的组合方式,每一行是一个组合,每一列是一个选取的元素的
索引。Combination 的目的是存储所有可能的组合方式
        CD2 = zeros(nCombination,1);% 初始化一个 nCombination1 的零向量 CD2,用来存
储每种组合对应的 CD2 指标的值。CD2 指标是一种用来评价多维均匀性的指标
        for i = 1:nCombination
            UT = udt(:,Combination(i,:));% 从 udt 矩阵中选取第 i 种组合对应的列,得到
矩阵 UT,它表示一种网格点的生成方式
            CD2(i) = CalCD2(UT);% 调用 CalCD2 函数计算 UT 对应的 CD2 指标的值
        end
```

$[\sim, \min \text{Index}] = \min(\text{CD2});$ ％找出 CD2 向量中最小值对应的索引，min Index 表示最优网格点生成方式对应的组合索引

$\text{Data} = \text{udt}(:, \text{Combination}(\min \text{Index},:));$ ％从 udt 矩阵中选取最小 CD2 指标对应的列，得到最优的网格点生成方式

```
else      ％如果 nCombination 大于等于 10000，即组合数太多
    CD2 = zeros(N,1);
    for i = 1 : N
        UT = mod((1:N)' * i.^(0:M-1), N);％初始化网格点生成方式矩阵 UT
        CD2(i) = Cal CD2(UT);
    end
    [~, minIndex] = min( CD2);
    Data = mod((1:N)' * minIndex.^(0:M-1), N);％最优的网格点生成方式
    Data(Data == 0) = N;      ％把 Data 矩阵中等于 0 的元素都替换为 N，这样可以保证
Data 矩阵中的元素都在[1，N]区间内
end
Data = (Data-1)/(N-1);％对 Data 矩阵进行变换，使得每个元素都在[0,1]区间内，并作
为最终的网格点坐标矩阵输出
end
```

％Cal CD2 函数

```
function CD2 = CalCD2(UT)
```

％定义函数 Cal CD2 函数，用来计算 GoodLatticePoint 函数中的 CD2 指标

％CD2 指标是一种用来评价多维均匀性的指标

％输入参数是 UT，表示一个 N * S 的矩阵，每一行是一个 S 维的样本点，每一列是一个维度的坐标值，所有的坐标值都在[0,1]区间内。输出参数是 CD2，表示计算得到的 CD2 指标的值

$[N,S] = \text{size}(UT);$ ％获取 UT 矩阵的行数和列数，分别赋值给 N 和 S，N 表示样本点的个数，S 表示维度的个数

$X = (2 * UT-1)/(2 * N);$ ％对 UT 矩阵进行变换，使得每个元素都在$[-1/(2N), 1/(2N)]$区间内，赋值给 X 矩阵

$\text{CS1} = \text{sum}(\text{prod}(2+\text{abs}(X-1/2)-(X-1/2).^2,2));$ ％计算第一个求和项 CS1，它是对每一行的 X 矩阵进行一个函数运算后再求乘积，然后对所有行求和

$\text{CS2} = \text{zeros}(N,1);$ ％初始化第二个求和项

```
for i = 1:N
    CS2(i) =
```
$\text{sum}(\text{prod}((1 + 1/2 * \text{abs}(\text{repmat}(X(i,:),N,1) - 1/2) + 1/2 * \text{abs}(X - 1/2) - 1/2 * \text{abs}(\text{repmat}(X(i,:), N,1) - X)),2));$

　　% 计算 CS2(i)，它是对 X 矩阵中除第 i 行外的所有行进行一个函数运算后再求乘积，然后对所有行求和

　　end

　　CS2 = sum(CS2);% 对 CS2 向量中的所有元素求和，得到最终的 CS2 值

　　CD2 = (13/12)^S − 2^(1−S)/N * CS1 + 1/(N^2) * CS2;% 根据公式计算 CD2 指标的值，并赋值给 CD2

end

10.3.3　EnvironmentalSelection 函数

　　下面给出 EnvironmentalSelection 函数的具体程序及说明，该程序利用参考点进行环境选择。

% 环境选择函数。未标明注释部分与 9.4.2 节环境选择函数类似，在此不再赘述

function[Population, Dec, Mask] = EnvironmentalSelection(Population, Dec, Mask, N, Z, Zmin)

% 输入参数是 Population、Dec、Mask、N、Z、Zmin，分别表示当前种群的个体、决策变量、掩码变量、下一代种群的大小、参考点集和理想点

% 其中，Z 表示参考点集，是一个 Q * M 的矩阵，每一行是一个参考点，每一列是一个目标维度；Zmin 表示理想点，是一个 1 * M 的向量，每个元素是一个目标维度的最小值

% 输出参数是 Population、Dec、Mask，分别表示下一代种群的个体、决策变量和掩码变量

```
    if isempty(Zmin)
        Zmin = ones(1, size(Z, 2));
        % 如果 Zmin 为空，则将 Zmin 设为一个全为 1 的向量，其长度与 Z 的列数相同
        % 这是为了防止 Zmin 没有被初始化的情况，如果没有理想点，就假设所有目标维度的
最小值都是 1
    end



    %% 删除重复的解
    [~, uni] = unique(Population.objs, 'rows');
    Population = Population(uni);
    Dec        = Dec(uni, :);
    Mask       = Mask(uni, :);
    N          = min(N, length(Population));

    %% 非支配排序
    [FrontNo, MaxFNo] = NDSort(Population.objs, Population.cons, N);
```

```
Next = FrontNo < MaxFNo;
```

%% 选择最后一层的解

% 即从最后一层的个体中选择一部分个体,填充到下一代种群中,使得下一代种群的大小等于 N

```
Last    = find(FrontNo == MaxFNo);    % 找出 FrontNo 中等于最大非支配层编号的
```
元素的索引,并赋值给 Last,表示最后一层的个体

```
Choose = LastSelection(Population(Next).objs,Population(Last).objs,N − sum(Next),
Z,Zmin);
```

% 调用 LastSelection 函数选择最后一层中需要进入下一代的个体

% 根据已经选择的个体的目标函数值、最后一层的个体的目标函数值、剩余的空位数、参考点集和理想点,选择一部分最后一层的个体,使得它们与参考点的距离最小,得到一个记录被选择的个体的索引的向量 Choose,Choose 表示被选择的个体

```
Next(Last(Choose)) = true;
```

% 根据 Choose,从 Last 中选择被选中的个体,将 Next 中对应的位置设为真,表示这些个体也将进入下一代种群。

```
Population = Population(Next);    % 根据 Next,从 Population 中选择进入下一代种群的
```
个体,赋值给 Population,更新种群的个体。

```
Dec        = Dec(Next,:);    % 根据 Next,从 Dec 中选择进入下一代种群的决策变
```
量,赋值给 Dec,更新种群的决策变量。

```
Mask       = Mask(Next,:);    % 根据 Next,从 Mask 中选择进入下一代种群的掩码
```
变量,赋值给 Mask,更新种群的掩码变量
```
end
```

% 选择最后一层解上的部分解
```
function Choose = LastSelection(PopObj1, PopObj2, K,Z,Zmin)
```
% 输入参数:PopObj1 表示已经选择的个体的目标函数值,是一个 N1 * M 的矩阵,每一行是一个个体的目标函数值,每一列是一个目标维度

%PopObj2 表示最后一层的个体的目标函数值,是一个 N2 * M 的矩阵,每一行是一个个体的目标函数值,每一列是一个目标维度

%K 表示需要选择的个体数,是一个正整数,等于下一代种群的大小减去已经选择的个体数

% 输出参数:Choose 表示被选择的个体的索引,是一个 1 * N2 的逻辑向量,每个元素表示对应的个体是否被选择

PopObj = [PopObj1; PopObj2] − repmat(Zmin,size(PopObj1,1) + size(PopObj2, 1),1);

% 将 PopObj1 和 PopObj2 合并为一个矩阵 PopObj,表示所有待选择的个体的目标函数值,是一个 N * M 的矩阵,其中 N = N1+N2,M 表示目标维度数。PopObj1 表示已经选择的个体的目标函数值,是一个 N1 * M 的矩阵,每一行是一个个体的目标函数值,每一列是一个目标维度。PopObj2 表示最后一层的个体的目标函数值,是一个 N2 * M 的矩阵,每一行是一个个体的目标函数值,每一列是一个目标维度

% 然后,将 PopObj 减去 Zmin,进行平移,使得理想点为原点。Zmin 表示理想点,是一个 1 * M 的向量,每个元素是一个目标维度的最小值。为使 PopObj 和 Zmin 的维数相同,需要将 Zmin 复制 N 次,得到一个 N * M 的矩阵,然后与 PopObj 相减,得到一个 N * M 的矩阵,表示平移后的目标函数值,赋值给 PopObj,更新目标函数值

[N,M]   = size(PopObj);
N1   = size(PopObj1,1);
N2   = size(PopObj2,1);
NZ   = size(Z,1);

% 获取 PopObj 的行数和列数,分别赋值给 N 和 M,表示待选择的个体数和目标维度数。同时,获取 PopObj1 和 PopObj2 的行数,分别赋值给 N1 和 N2,表示已经选择的个体数和最后一层的个体数。此外,获取 Z 的行数,赋值给 NZ,表示参考点的个数。这些参数都是为了进行后续的计算和选择

%% 标准化
% 检测极值点,即在每个目标维度上最优的个体,用于构造一个超平面,用于归一化目标函数值

Extreme = zeros(1,M); % 初始化 Extreme 为一个 1 * M 的全零向量,表示极值点的索引,每个元素是一个整数,表示对应的目标维度上的极值点在 Pop Obj 中的位置

w   = zeros(M)+1e−6+eye(M); % 初始化 w 为一个 M * M 的矩阵,表示每个目标维度的权重,每一行是一个权重向量,每一列是一个目标维度。将 w 的对角线元素设为 1,其余元素设为一个很小的正数,如 1e−6,这是为了避免除零错误

for i = 1 : M
    [~,Extreme(i)] = min(max(PopObj. /repmat(w(i,:), N,1),[],2));

    % 对于每个目标维度 i,将 PopObj 的每一行除以 w 的第 i 行,得到一个 N * 1 的向量,表示每个个体在第 i 个目标维度上的归一化值

    % 然后取这个向量的最大值,得到一个标量,表示在第 i 个目标维度上最优的个体的归一化值,然后找出这个标量在原始向量中的位置,赋值给 Extreme 的第 i 个元素,表示在第 i 个目标维度上最优的个体的索引

end

％ 计算由极值构造的超平面的截距

％ 点和轴

Hyperplane ＝ PopObj(Extreme,：)\ones(M,1)；

％ 用 PopObj 的极值点构造一个超平面,用于归一化目标函数值

％ 具体方法是将 PopObj 的极值点作为一个 M＊M 的矩阵,求解一个线性方程组,得到一个 M＊1 的向量,表示超平面的截距,赋值给 Hyperplane

a ＝ 1. ／Hyperplane；％ 将 Hyperplane 的倒数作为一个 M＊1 的向量,赋值给 a,表示每个目标维度的缩放因子,用于归一化目标函数值

if any(isnan(a))

　　　a ＝ max(PopObj,[],1)′；

　　end　％ 如果 a 中有任何元素是 NaN,就将 a 设为 PopObj 的每一列的最大值,这是为了防止 Hyperplane 为 0 的情况,即没有极值点的情况

％ 标准化

PopObj ＝ PopObj. ／repmat(a′, N,1)；％ 将 PopObj 的每一行除以 a 的转置,得到一个 N＊M 的矩阵,表示归一化后的目标函数值,赋值给 PopObj,更新目标函数值

％％ 将每个解与一个参考点关联

％ 计算每个解到每个参考向量的距离

Cosine　　＝ 1－pdist2(PopObj,Z,′cosine′)；

％ 计算每个解与每个参考向量的夹角的余弦值,得到一个 N＊Q 的矩阵,表示每个解与每个参考向量的余弦值,赋值给 Cosine,其中 Q 表示参考点的个数

Distance ＝ repmat(sqrt(sum(PopObj.^2,2)),1, NZ). ＊ sqrt(1－Cosine.^2)；

％ 计算每个解的模长,得到一个 N＊1 的向量,表示每个解的模长,然后将其复制 Q 次,得到一个 N＊Q 的矩阵,表示每个解的模长,然后将其乘 1 减去 Cosine 的平方的开方,得到一个 N＊Q 的矩阵,表示每个解到每个参考向量的距离,赋值给 Distance

％ 将每个解决方案与其最近的参考点相关联

[d,pi] ＝ min(Distance′,[],1)；

％ 对 Distance 的每一列取最小值,得到一个 1＊N 的向量,表示每个解到最近的参考点的距离,赋值给 d

％ 对 Distance 的每一列取最小值的位置,得到一个 1＊N 的向量,表示每个解的最近的参考点的索引,赋值给 pi

％％ 统计每个参考点关联的个体的个数,不包括最后一层的个体

rho = hist(pi(1:N1),1:NZ);% 调用 hist 函数,对 pi 的前 N1 个元素进行统计,得到一个 $1*Q$ 的向量,表示每个参考点关联的个体的个数,赋值给 rho,其中 Q 表示参考点的个数

%% 环境选择,即从最后一层的个体中选择一部分个体,填充到下一代种群中,使得下一代种群的大小等于 N

Choose = false(1,N2);% 初始化 Choose 为一个 $1*N2$ 的逻辑向量,每个元素表示对应的个体是否被选择,初始值为全假,表示没有个体被选择。这是为了记录哪些个体被选择,以及选择的个体数是否达到 K

Zchoose = true(1,NZ);% 初始化 Zchoose 为一个 $1*NZ$ 的逻辑向量,每个元素表示对应的参考点是否有效,初始值为全真,表示所有参考点都有效。这是为了记录哪些参考点没有关联任何个体,以及剔除这些无效的参考点

% 逐个选择 K 个解决方案

while sum(Choose) < K   % 进入循环,直到选择的个体数等于 K,表示已经选择了 K 个个体,或者没有可选的个体,表示无法选择 K 个个体

% 选择最不拥挤的参考点

Temp = find(Zchoose);

Jmin = find(rho(Temp) == min(rho(Temp)));   % 找出 rho 中的最小值,赋值给 minRho,表示最少关联的个体数,以及最小值的位置,赋值给 Jmin,表示最少关联的参考点的索引。这是为了优先选择关联个体数最少的参考点

j   = Temp(Jmin(randi(length(Jmin))));

% 如果 minRho 等于 0,表示有些参考点没有关联任何个体,那么就从这些参考点中随机选择一个,赋值给 j,表示当前要选择的参考点的索引

% 如果 minRho 大于 0,表示所有的参考点都关联了至少一个个体,那么就从 Jmin 中随机选择一个,赋值给 j,表示当前要选择的参考点的索引

I   = find(Choose == 0 & pi(N1+1:end) == j);% 找出 pi 中等于 j 的位置,赋值给 I,表示与当前参考点关联的个体的索引。这是为了找出候选的个体,以便从中选择一个

% 然后选择一个与此参考点关联的解

if ~ isempty(I)
    if rho(j) == 0
        [~,s] = min(d(N1+I));
    else
        s = randi(length(I));
    end
    Choose(I(s)) = true;
    rho(j) = rho(j) + 1;

　　% 如果 I 不为空,表示有与当前参考点关联的个体,就从 I 中选择一个距离当前参考点最近的个体,赋值给 s,表示当前要选择的个体的索引,然后将 Choose 中的第 I(s) 个元素设为真,表示这个个体被选择,然后将 rho 中的第 j 个元素加一,表示当前参考点关联的个体数增加一

　　% 然后跳过本次循环,进入下一次循环。这是为了选择与当前参考点最接近的个体,以保证解的收敛性,同时更新参考点的关联个体数,以便下一次选择

　　% 最后,返回 Choose,表示被选择的个体的索引,结束函数

　　　　else

　　　　　　Zchoose(j) = false;

　　　　% 如果 I 为空,表示没有与当前参考点关联的个体,就将 Zchoose 中的第 j 个元素设为假,表示这个参考点已经无效,然后跳过本次循环,进入下一次循环。这是为了剔除没有关联个体的参考点,以避免无效的选择

　　　　end

　　end

end

10.3.4　Operator3 函数

　　下面给出 Operator3 函数的具体程序及说明,该程序按照改进的 Sparse EA,对种群个体的 Mask 和 Dec 实施交叉和变异操作。

% 交叉变异操作函数,未标明注释部分与 9.4.3 节类似,在此不再赘述

function　[OffDec, OffMask]　=　Operator3(ParentDec,　ParentMask,　Fitness, REAL, rateOfPopulation)

% 输入参数是 ParentDec、ParentMask、Fitness、REAL、rateOfPopulation,分别表示父代种群的决策变量、掩码变量、决策变量的得分、是否使用实数编码和自适应交叉变异概率

% 输出参数是 OffDec、OffMask,分别表示子代种群的决策变量和掩码变量

```
%% 参数设置
[ N,D]        = size(ParentDec);
Parent1Mask = ParentMask(1:floor(N/2),:);
Parent2Mask = ParentMask(floor(N/2)+1:end,:);

%% mask 交叉
OffMask = Parent1Mask;
for i = 1:N/2
    if rand < 0.5
        index = find(Parent1Mask(i,:)& ~ Parent2Mask(i,:));
        index = index(TS(- Fitness(index)));
```

```
            OffMask(i,index) = 0;
        else
            index = find(~ Parent1Mask(i,:)& Parent2Mask(i,:));
            index = index(TS(Fitness(index)));
            OffMask(i,index) = Parent2Mask(i,index);
        end
    end


    %% mask 变异
    for i = 1 : N/2
        if rand < 0.5
            index = find( OffMask(i,:));
            index = index(TS(- Fitness(index)));
            OffMask(i,index) = 0;
        else
            index = find(~ OffMask(i,:));
            index = index(TS(Fitness(index)));
            OffMask(i,index) = 1;
        end
    end
end
% 以上代码部分与 SparseEA 中交叉变异操作函数 Operator 此部分一致,在此不再赘述


    %% dec 的交叉和变异
    if REAL
        OffDec = OperatorGAhalf2(ParentDec, rateOfPopulation);
        % 调用 OperatorGAhalf2 函数对父代解决方案进行交叉和变异操作,得到子代解决方
案 OffDec
    else
        OffDec = ones(N/2,D);
    end
end


function index = TS(Fitness)
% 二元锦标赛选择,与 SparseEA 此部分一致
    if isempty(Fitness)
```

```
        index = [];
    else
        index = TournamentSelection(2,1, Fitness);
    end
end
```

10.3.5 OperatorGAhalf2 函数

下面给出 OperatorGAhalf2 函数的具体程序及说明,该程序按照改进的 SparseEA 算法,对种群个体具体实施 dec 的交叉变异操作。

```
% 交叉变异函数,未标明注释部分与 9.4.4 节解释一致,在此不再赘述
function Offspring = OperatorGAhalf2(Parent, rateOfPopulation, Parameter)
% 输入参数:Parent 表示父代个体的决策变量矩阵,是一个 N×D 的矩阵
        % Parameter 表示交叉和变异操作的参数,是一个 cell 数组,包含四个元素:proC 交叉
概率、disC 交叉分布指数、proM 变异概率、disM 变异分布指数
        %rateOfPopulation 表示个体自适应被选择概率矩阵
% 输出参数:Offspring 表示子代个体的决策变量矩阵,是一个 N×D 的矩阵,每个元素的类型与
父代个体相同


    %% 参数设置
    if nargin > 2
        [proC,disC,proM,disM] = deal(Parameter{:});
    else
        [proC,disC,proM,disM] = deal(1,20,1,20);
    end
    if isa(Parent(1),'SOLUTION')
        calObj = true;
        Parent = Parent. decs;
    else
        calObj = false;
    end
    Parent1 = Parent(1:floor(end/2),:);
    Parent2 = Parent(floor(end/2)+1:floor(end/2) * 2,:);
    [ N,D]    = size(Parent1);

    proCArray = rateOfPopulation(1:floor(end/2),:) * proC;
    proMArray = rateOfPopulation(1:floor(end/2),:) * proM;
```

% 根据个体自适应被选择概率计算个体自适应交叉概率 proCArray 和自适应变异概率 proM Array

%proCArray 和 proMArray 均为 N/2×1 的矩阵

proMTable = zeros(N, D);

for i = 1: N

    proMTable(i, :) = proMArray(i);

end

% 将 proMArray 复制 D 次,得到一个 N/2×D 的矩阵,表示每个个体的每个决策变量的自适应变异概率,赋值给 proMTable

% 这是为了方便进行变异操作,使每个决策变量的变异概率与个体的自适应变异概率相同

Problem = PROBLEM. Current();

switch Problem. encoding

    case 'binary'

        % 均匀交叉

        k = rand(N,D) < 0.5;

        % 生成一个 N×D 的矩阵,每个元素是一个随机的布尔值,表示是否进行交叉

        % 调用 rand 函数生成一个 N×D 的矩阵,每个元素是一个 0 到 1 之间的随机数,然后与 0.5 比较。如果小于 0.5,就返回真(1);否则,就返回假(0)

        k(repmat(rand(N,1) > proCArray,1,D)) = false;

        % 它的作用是更新 k 矩阵,使得一些元素变为假,表示选择一些个体不进行交叉

        % 相当于对每个个体,以 proCArray 的概率决定是否进行交叉,如果不进行交叉,就将该个体对应的 k 矩阵的所有元素都设为假(0)

        Offspring   = Parent1;

        Offspring(k) = Parent2(k);

        % 位翻转变异

        Site = rand(N,D) < proMTable/D;

        % 与 proMTable/D 比较后,生成一个 N×D 的矩阵,每个元素是一个随机的布尔值,表示是否进行变异

        Offspring(Site) =~ Offspring(Site);

    case 'permutation'

        % 顺序交叉

        Offspring = Parent1;

```
        k = randi(D,1, N);
        for i = 1:N
            Offspring(i,k(i) + 1:end) = setdiff(Parent2(i,:), Parent1(i,1:
k(i)),'stable');
        end
        % 轻微变异
        k = randi(D,1, N);
        s = randi(D,1, N);
        for i = 1:N
            if s(i) < k(i)
                Offspring(i,:) = Offspring(i, [1:s(i) − 1,k(i),s(i):k(i) − 1,k(i) +
1:end]);
            else if s(i) > k(i)
                Offspring(i,:) = Offspring(i, [1:k(i) − 1,k(i) + 1:s(i) − 1,k(i),
s(i):end]);
            end
        end


    otherwise
        % 模拟二进制交叉
        beta = zeros(N,D);
        mu   = rand(N,D);
        beta(mu <= 0.5) = (2 * mu(mu <= 0.5)).^(1/(disC + 1));
        beta(mu > 0.5)  = (2 − 2 * mu(mu > 0.5)).^(−1/(disC + 1));
        beta = beta. * (−1).^randi([0,1], N,D);
        beta(rand(N,D) < 0.5) = 1;
        beta(repmat(rand(N,1) > proCArray,1,D)) = 1;
        %% 根据交叉概率 proCArray,随机选择一些行不进行交叉,将 beta 中对应位置
设为 1,这样可以保证交叉的概率
        Offspring = (Parent1 + Parent2)/2 + beta. * (Parent1 − Parent2)/2;


        % 多项式变异
        Lower = repmat(Problem. lower, N,1);
        Upper = repmat(Problem. upper, N,1);
        Site  = rand(N,D) < proMTable/D;
        % 根据 proMTable/D,生成一个 N * D 的随机矩阵 Site,表示是否进行翻转,用于
```

控制哪些后代解进行变异。如果 Site 中的某个元素小于变异概率 pm/D,那么对应的后代解的某个基因就会进行变异,否则就保持不变

```
        mu      = rand(N,D);
        temp    = Site & mu <= 0.5;
        Offspring       = min(max(Offspring, Lower),Upper);
        Offspring(temp) =
Offspring(temp) + (Upper(temp) - Lower(temp)). * ((2. * mu(temp) + (1 - 2. * mu(temp)).
*... * (1  -  (Offspring(temp)  -  Lower(temp))./(Upper(temp)  -  Lower(temp))).^
(disM + 1)).^(1/(disM + 1)) - 1;
        temp = Site & mu > 0.5;
        Offspring(temp) = Offspring(temp) + (Upper(temp) - Lower(temp)). * (1 - (2. *
(1 - mu(temp)) + 2. * (mu(temp) - 0.5). *... * (1 - (Upper(temp) - Offspring(temp)).
/(Upper(temp) - Lower(temp))).^(disM + 1)).^(1/(disM + 1)));
    end
    if cal Obj
        Offspring = SOLUTION(Offspring);
    end
end
```

参 考 文 献

[1] CHENG R, JIN Y. A competitive swarm optimizer for large scale optimization[J]. IEEE transactions on cybernetics, 2014, 45(2): 191-204.

[2] TIAN Y, CHENG R, ZHANG X, et al. Plat EMO: a MATLAB platform for evolutionary multi-objective optimization[J]. IEEE Computational Intelligence Magazine, 2017, 12(4): 73-87.

[3] CHOU J S, TRUONG D N. A novel metaheuristic optimizer inspired by behavior of jellyfish in ocean[J]. Applied Mathematics and Computation, 2021, 389: 125535.

[4] CHOU J S, TRUONG D N. Multiobjective optimization inspired by behavior of jellyfish for solving structural design problems[J]. Chaos, Solitons & Fractals, 2020, 135: 109738.

[5] 齐小刚,李博,范英盛,等.多约束下多无人机的任务规划研究综述[J].智能系统学报,2020, 15(2): 204-217.

[6] PHUNG M D, HA Q P. Safety-enhanced UAV path planning with spherical vector-based particle swarm optimization[J]. Applied Soft Computing, 2021, 107: 107376.

[7] GHAEMI M, FEIZI-DERAKHSHI M R. Forest optimization algorithm[J]. Expert Systems with Applications, 2014, 41(15): 6676-6687.

[8] GHAEMI M, FEIZI-DERAKHSHI M R. Feature selection using forest optimization algorithm[J]. Pattern Recognition, 2016, 60: 121-129.

[9] DEB K, PRATAP A, AGARWAL S, et al. A fast and elitist multiobjective genetic algorithm: NSGA — II[J]. IEEE transactions on evolutionary computation, 2002, 6(2): 182-197.

[10] ZHANG X, TIAN Y, CHENG R, et al. An efficient approach to nondominated sorting for evolutionary multiobjective optimization[J]. IEEE Transactions on Evolutionary Computation, 2014, 19(2): 201-213.

[11] ZHANG X, TIAN Y, CHENG R, et al. A decision variable clustering-based evolutionary algorithm for large-scale many-objective optimization[J]. IEEE Transactions on evolutionary Computation, 2016,

22(1): 97-112.

[12] TIAN Y, ZHANG X, WANG C, et al. An evolutionary algorithm for large-scale sparse multiobjective optimization problems[J]. IEEE Transactions on Evolutionary Computation, 2019, 24(2): 380-393.